LES MALADIES
DES
Poissons d'eau douce
D'EUROPE

D'APRÈS LES TRAVAUX DES DIVERS ICHTHYOPATHOLOGISTES
ET LE TRAITÉ DU PROFESSEUR HOFER

PAR

R. DE DROUIN DE BOUVILLE
INSPECTEUR ADJOINT DES EAUX ET FORÊTS
ATTACHÉ A LA STATION DE RECHERCHES ET EXPÉRIENCES
DE L'ÉCOLE NATIONALE DES EAUX ET FORÊTS

I — INFECTIONS GÉNÉRALES DE L'ORGANISME

Avec 27 figures et 7 planches en couleurs

2e ÉDITION, REVUE ET AUGMENTÉE

BERGER-LEVRAULT & Cie, ÉDITEURS
PARIS
RUE DES BEAUX-ARTS, 5-7
NANCY
RUE DES GLACIS, 18
1908

LES MALADIES

DES

Poissons d'eau douce

D'EUROPE

LES MALADIES

DES

Poissons d'eau douce

D'EUROPE

D'APRÈS LES TRAVAUX DES DIVERS ICHTHYOPATHOLOGISTES
ET LE TRAITÉ DU PROFESSEUR HOFER

PAR

R. DE DROUIN DE BOUVILLE

INSPECTEUR ADJOINT DES EAUX ET FORÊTS
ATTACHÉ A LA STATION DE RECHERCHES ET EXPÉRIENCES
DE L'ÉCOLE NATIONALE DES EAUX ET FORÊTS

I — INFECTIONS GÉNÉRALES DE L'ORGANISME

Avec 27 figures et 7 planches en couleurs

2e ÉDITION, REVUE ET AUGMENTÉE

BERGER-LEVRAULT & Cie, ÉDITEURS

PARIS
RUE DES BEAUX-ARTS, 5-7

NANCY
RUE DES GLACIS, 18

1908

LES MALADIES

DES

Poissons d'eau douce

D'EUROPE

D'après les travaux des divers ichthyopathologistes
et le Traité du Professeur HOFER (1)

INFECTIONS GÉNÉRALES DE L'ORGANISME

Les germes pathogènes déterminant chez les Poissons des infections générales de l'organisme ne se rencontrent que dans deux classes d'êtres vivants ; ce sont soit des Bactéries, soit des Sporozoaires.

I — MALADIES BACTÉRIENNES

Les Bactéries, souvent aussi désignées sous le nom de Microbes (2), sont des organismes dont la nature est encore discutée. Certains les

---

(1) *Handbuch der Fischkrankheiten*, von Doctor Bruno Hofer, Professor der Zoologie an der tierärztlichen Hochschule und Vorstand der Kgl. Bayer. biol. Versuchsstation für Fischerei in München. — Munich, B. Heller, 1904.

Cet intéressant ouvrage a servi de guide et de modèle pour la rédaction de la présente notice, M. le Professeur Hofer ayant bien voulu, très aimablement, autoriser qu'il en soit fait des extraits. Ces extraits, qui ne sont pas des traductions littérales, ont été complétés par des emprunts faits aux travaux originaux de Canestrini, Charrin, Emmerich, Fischel, Patterson, Plehn, Sieber-Schoumow, Thélohan, etc., etc.

(2) La dénomination de Microbes, celle aussi de Microorganismes, sont dépourvues de précision, car elles conviennent à tous les Animaux et Végétaux inférieurs aussi bien qu'aux Bactéries.

rattachent au règne animal, les plaçant à côté des Infusoires et des Flagellés, d'autres les considèrent comme des Végétaux et cette dernière opinion semble prévaloir. Mais ici il y a encore divergence entre les auteurs : quelques-uns les classent avec les Algues, mais les plus nombreux les rattachent aux Champignons, dont elles constitueraient un groupe spécial, celui des Schizomycètes.

Quoi qu'il en soit, ces êtres sont extrêmement petits, doués ou non de mouvement, et se présentent sous le microscope comme de petits corps hyalins et homogènes. Il faut de forts grossissements et l'emploi de réactifs colorants ou fixateurs pour y distinguer : — le protoplasma, renfermant des granulations et des vacuoles, — une membrane périphérique, développée parfois au point de former capsule, — et, dans certains cas, des cils vibratiles.

Les exigences respiratoires des Bactéries sont variables, l'oxygène libre leur étant soit nécessaire, soit nuisible ; il y a ainsi des espèces aérobies et d'autres anaérobies. Elles se nourrissent surtout de matières organiques et se multiplient généralement par simple division. Quand les conditions sont favorables, celle-ci se produit avec une invraisemblable rapidité (¹). On observe aussi, dans certains cas, la formation de spores.

Les Bactéries aquatiques sont très nombreuses. La plupart assimilent les détritus animaux ou végétaux ; ces Saprophytes jouent un rôle des plus importants dans la purification naturelle des eaux polluées. Mais il en est qui s'introduisent dans les organismes vivants. Beaucoup s'y comportent en simples commensales et sont au moins inoffensives ; par contre, plusieurs espèces se montrent fort nuisibles, sécrétant des toxines (matières albuminoïdes) et des ptomaïnes (produits alcaloïdiques) qui sont de véritables poisons plus ou moins violents suivant les circonstances. Ces espèces sont dites pathogènes, leur présence déterminant une maladie de l'hôte, qui réagit plus ou

(¹) D'après Cohn, quand les conditions de milieu alimentaire, température, aération, sont optima, deux heures après sa formation un élément en donne déjà deux autres. En calculant sur cette base, au bout de trois jours, une seule Bactérie aurait une progéniture de 4 772 000 000 000 d'individus. (Untersuchungen über Bakterien ; Cohn's *Beiträge zur Biologie der Pflanzen*, t. I, pp. 2-3.)

moins vigoureusement. Si ses moyens de défense sont suffisants pour arrêter l'invasion du parasite, c'est la guérison; dans le cas contraire, il succombe.

Les Poissons paraissent peu exposés aux infections microbiennes. Vient-on à injecter sous leur peau des cultures de la plupart des Bactéries de l'eau, on constate tout au plus, d'ordinaire, une inflammation passagère dans le voisinage immédiat de la piqûre. Ceci tient, d'abord, à ce que beaucoup d'entre elles ne sécrètent pas de substances nuisibles aux Poissons, puis à ce que le sang de ces derniers est doué, à un haut degré, de propriétés bactéricides.

Pourtant quelques germes se révèlent nettement pathogènes. Tel est le *Bacillus hydrophilus fuscus* (Sanarelli), dont l'inoculation à des Anguilles et Barbeaux provoque des accidents suivis de mort. Mais sa nocuité jusqu'ici ne s'est manifestée qu'au laboratoire.

Il n'en va pas toujours ainsi et, en dehors des maladies purement expérimentales, on a pu établir que plusieurs affections observées dans la nature sont incontestablement dues à des Bactéries. Il est probable qu'on doit leur attribuer aussi bon nombre de celles dont la cause est encore indéterminée et celles notamment ayant un caractère épidémique. Mais nos connaissances actuelles en la matière sont encore bien restreintes.

Ce sont travaux fort délicats, en effet, exigeant une science et une pratique spéciales, des installations et un outillage perfectionnés, que ceux ayant pour objet la recherche et la détermination d'un Microbe pathogène.

Il faut d'abord déceler sa présence, en examinant sous le microscope les organes attaqués, le sang, le pus d'un sujet encore vivant ou mort depuis peu, non encore envahi, par conséquent, par les Bactéries de la putréfaction. Il peut arriver qu'on y trouve, en abondance, certains germes ne se rencontrant pas chez les animaux sains, ceci amène à les soupçonner.

Pour savoir à quoi s'en tenir, il faut alors procéder à des expériences d'infection.

On cultive d'abord le Microbe, c'est-à-dire qu'on le place dans un milieu nutritif à sa convenance, où il puisse pulluler. Il est indispensable qu'il s'y développe seul, à l'exclusion de tout autre; il y a presque toujours lieu de procéder à son isolement préalable, ce qui ne va pas sans difficulté.

Quand, après des manipulations plus ou moins longues et compliquées, et en s'entourant de précautions minutieuses, on a obtenu des cultures pures, on les inocule à des Poissons sains de l'espèce chez laquelle ont été découvertes les Bactéries présumées pathogènes. Le plus souvent, on les injecte soit sous la peau, soit à l'intérieur des muscles, soit dans la cavité viscérale, au moyen d'une seringue de STRAUS (1) stérilisée dans l'eau bouillante, ou mieux à l'autoclave. Quelquefois on se contente de les verser simplement dans les aquariums ou d'en imprégner les aliments distribués aux sujets en expérience (2).

On observe alors les allures de ceux-ci, les manifestations précédant et accompagnant la mort, on note les lésions qui apparaissent à la surface du corps et se révèlent à l'autopsie; on compare avec les symptômes relevés chez les Animaux dont la maladie avait une origine naturelle. Finalement, il faut s'assurer, par examen microscopique des tissus et humeurs, que le Microbe à l'étude se retrouve bien dans l'organisme des victimes de l'infection artificielle et s'y est propagé.

Il va sans dire que des sujets de contrôle, placés en tout dans les mêmes conditions que les autres, mais non inoculés, doivent rester parfaitement sains et indemnes pendant toute la durée de l'expérimentation.

Une fois la preuve faite de la nocuité d'une Bactérie, il s'agit de connaître ses caractères distinctifs, et ce n'est pas là la partie la moins difficile de la tâche du microbiologiste.

---

(1) C'est la seringue de PRAVAZ modifiée, le piston n'étant plus en cuir, mais en moelle de sureau; on le fait aussi en amiante (DEBOVE), en caoutchouc (ROUX).

(2) Il est possible aussi d'apprécier la présence d'un Microbe pathogène chez un animal malade, en lui faisant, avec toutes les précautions requises pour éviter une contamination par d'autres germes, un prélèvement de sang ou d'humeur, servant ensuite à inoculer directement des sujets sains. On évite ainsi d'avoir à pratiquer des cultures, mais on ne peut connaître de façon précise l'organisme qui provoque l'affection.

Il ne suffit pas, en effet, de décrire une forme ou de noter des dimensions, toutes les Bactéries sont extrêmement petites et leur type morphologique très simple et peu variable. Pour pouvoir en effectuer la détermination, il faut recourir à d'autres données.

Afin de discerner ces organismes minuscules et transparents dans les préparations, on les colore. Or, les différentes espèces prennent soit bien, soit mal, l'iode, le carmin, l'hématoxyline, les couleurs d'aniline. Elles conservent leur teinte ou se décolorent après immersion dans le liquide de GRAM [1], suivie d'un lavage à l'alcool. On a là des éléments de diagnostic fort utiles.

Les exigences des Bactéries au point de vue de la nutrition sont fort diverses, diverses aussi leurs manières de se comporter selon que les substances alimentaires mises à leur disposition leur conviennent plus ou moins. Aussi, pour les étudier, cherche-t-on à les faire vivre dans différents milieux. Les plus usités sont : — les gelées à base de gélatine ou de gélose [2], préparées dans des tubes à essai fermés d'un tampon d'ouate, et dont le contenu est souvent coulé sur plaque après inoculation ; — la pomme de terre, qu'on place, par morceaux, dans de petits cristallisoirs couverts ; — le bouillon et le lait, dont on remplit, au tiers ou à moitié, de petits ballons bien bouchés. Toutes les matières employées doivent être stérilisées par la chaleur ou par filtration. On les ensemence ensuite. Les Microbes à cultiver sont prélevés au moyen d'une aiguille en platine dont la pointe est préalablement rougie au feu. On les introduit dans les milieux liquides en y agitant cette aiguille, dans les milieux solides, en l'enfonçant dans la profondeur par piqûre, ou bien en traçant à la surface plusieurs traits ou stries. Chaque Bactérie ne tarde pas, si les conditions sont propices, à proliférer en donnant naissance à une colonie. Leur développement s'effectue avec une rapidité variable ; on le suit avec attention pour en noter toutes les particularités : aspects, colorations, produits formés, modifications apportées aux milieux. Parmi ces der-

---

(1) La formule de la solution de GRAM est la suivante : iode, 1 gramme ; iodure de potassium, 2 grammes ; eau distillée, 300 centimètres cubes.

(2) La gélose est une matière gélatineuse retirée d'une Algue de la mer des Indes, le *Gelidium spiniforme* Lmx. ; elle forme la majeure partie de la drogue vendue sous le nom d'Agar Agar.

nières, les plus intéressantes à observer sont : la liquéfaction de la gélatine [1], la formation d'un trouble ou d'un voile dans le bouillon, la coagulation du lait.

Tout en déterminant ces caractères culturaux, qui sont ceux permettant le mieux de différencier les espèces, on a l'occasion d'apprécier si celle dont on a entrepris l'étude est aérobie ou anaérobie, s'accommode le mieux de températures basses ou élevées, résiste bien ou mal à la dessiccation. Toutes ces propriétés biologiques ont aussi leur importance en ce qui concerne la spécification.

Il est utile enfin de compléter les recherches par des expériences d'infection sur divers Vertébrés à sang chaud (Cobaye, Lapin, Souris, Pigeon...) ou à sang froid (Grenouille, Triton, Poissons...).

On le voit, ce n'est pas une petite affaire que d'étudier une maladie bactérienne et d'en déterminer le germe pathogène. C'est un travail demandant beaucoup de temps et de patience et n'aboutissant que s'il est entrepris et poursuivi avec tous les soins voulus, et ils sont nombreux et minutieux. Qu'une seule précaution soit négligée soit dans les cultures, soit dans les inoculations, les résultats sont faussés, des Microbes autres que celui en examen intervenant dans les phénomènes observés. Il ne faut donc pas s'étonner si les renseignements que nous possédons sur les affections bactériennes des Poissons ne sont ni très nombreux ni très complets.

Parmi ces affections, il en est pour lesquelles les troubles sont localisés, un seul organe se trouve attaqué, l'œil, par exemple, dans le cas d'exophtalmie infectieuse [2]. Mais le plus ordinairement les Bactéries se répandent dans tout le corps de l'animal attaqué, déterminant partout des désordres et lésions. Ces infections générales sont les seules dont nous avons à parler pour l'instant.

---

(1) Sur les cultures en piqûre l'aspect est tout à fait différent suivant que la gélatine se liquéfie ou non. Dans le premier cas, un entonnoir se creuse dans la gelée ; dans le second, la culture constitue une masse venant s'étaler à la surface en forme de tête de clou.

(2) AUDIGÉ, « Sur l'exophtalmie infectieuse de certains Poissons d'eau douce » (*Comptes rendus de l'Académie des Sciences*, 30 novembre 1903. — Paris, Gauthier-Villars).

Voir aussi : *Bulletin de la Station de pisciculture et d'hydrobiologie de l'Université de Toulouse*, n° 1, p. 53. — Toulouse, Privat.

Les recherches auxquelles elles ont donné lieu ont permis de constater que les germes pathogènes appartenaient soit à la famille des Coccacées, où la forme est normalement sphérique, soit à celle des Bactériacées, où elle est allongée. Dans chacune ils ne se rencontrent que dans un seul genre : — *Micrococcus* pour la première (éléments isolés, réunis deux à deux ou disposés en chapelet) ; — *Bacillus* pour la seconde (bâtonnets plus ou moins longs, droits ou légèrement courbés) [1].

Les espèces reconnues jusqu'ici nuisibles sont les suivantes :

Micrococcus pyogenes aureus (Rosenbach), chez le Goujon (*Gobio fluviatilis* Ag. [2]), provoquant la Micrococcose (*Micrococcosis Gobionis*) ;

Bacillus Anguillarum (Canestrini), chez l'Anguille (*Anguilla vulgaris* Yar.), cause de la Peste rouge adriatique (*Pestis rubra Anguillarum*, var. *adriatica*) ;

Bacillus anthracis (Davaine) [ou mieux une espèce voisine], chez la Lote (*Lota vulgaris* C. & V.), le Vengeron (*Leuciscus prasinus* Ag.) et surtout la Perche (*Perca fluviatilis* L.) ; en cas de Typhus (*Typhus Percarum*) ;

Bacillus coli communis (Escherich), — chez l'Alose finte des lacs (*Alosa finta* C. & V., var. *lacustris* Fatio), supposée atteinte de Colibacillose (*Colibacillosis Alosæ fintæ lacustris*) — et peut-être chez les Poissons qu'éprouve la maladie de Charrin ;

Bacillus cyprinicida (Plehn), chez la Carpe (*Cyprinus carpio* L.) et la Tanche (*Tinca vulgaris* C. & V.), déterminant la Peste rouge des Cypriniens (*Purpura Cyprinorum*) ;

Bacillus pestis Astaci (Hofer), chez la Carpe (*Cyprinus carpio* L.), la Brème (*Abramis brama* L.), le Rotengle (*Scardinius erythrophtalmus* L.), le Gardon (*Leuciscus rutilus* L.), l'Ide (*Idus melanotus* H. & Kn.), le Chevaine (*Squalius cephalus* L.), la Vandoise (*Squalius leuciscus* L.), provoquant la Lépidorthose (*Lepidorthosis contagiosa*) ;

Bacillus pestis rubræ (Inghilleri), chez l'Anguille (*Anguilla vulgaris* Yar.) malade de la Peste rouge tyrrhénienne (*Pestis rubra Anguillarum*, var. *tyrrhenica*) ;

---

(1) Nous avons suivi, pour la classification, le Traité pratique de Bactériologie du Professeur E. Macé, 5e édit. — Paris, Baillière, 1904.

(2) La nomenclature adoptée pour les Poissons est : — relativement aux espèces européennes, celle du Traité d'Ichthyologie française du Docteur Moreau ; Paris, G. Masson 1891 ; — en ce qui concerne les espèces d'origine américaine, celle de A check liste of the fishes and fish like Vertebrates of North and Middle America, par David Starr Jordan et Barton Warren Evermann ; Washington, Government printing office, 1896.

Bacillus piscicidus (Fischel et Enoch), chez la Carpe (*Cyprinus carpio* L.) atteinte du Rouget;

Bacillus piscicidus agilis (Sieber-Schoumow), chez la Sandre (*Lucioperca sandra* C. & V.) et les autres Poissons victimes de la maladie de Sieber;

Bacillus piscicidus versicolor (Babes & Riegler), chez le Brochet (*Esox lucius* L.), la Carpe (*Cyprinus carpio* L.), le Carassin (*Carassius vulgaris* Nils.), la Tanche (*Tinca vulgaris* C. & V.), le Gardon (*Leuciscus rutilus* L.), la Perche (*Perca fluviatilis* L.), dans le cas de la maladie de Babes et Riegler;

Bacillus Salmonicida (Emmerich & Weibel), chez la Truite commune (*Trutta fario* L.) et l'Omble de ruisseau (*Salvelinus fontinalis* Mitchill), cause de la Furonculose (*Furunculosis salmonicida*);

Bacillus salmonis pestis (Hume Patterson), chez le Saumon (*Salmo salar* L.) atteint de la Peste (*Pestis Salmonis*);

Bacillus septicemiæ ulcerosæ (Ceresole), chez le Carassin doré (*Carassius auratus* L.), provoquant la Septicémie ulcéreuse (*Septicemia ulcerosa Carassii aurati*);

Bacillus termo (Dujardin) [ou mieux une espèce voisine], chez la Truite commune (*Trutta fario* L.), cause de la Septicémie gangreneuse (*Septicemia tabida Truttæ*);

Bacillus tuberculosis Piscium (Bataillon, Dubard & Terre), chez la Carpe (*Cyprinus carpio* L.) présentant les symptômes de la Tuberculose pisciaire (*Tuberculosis Piscium*);

Bacillus vulgaris (Hauser), chez le Gardon (*Leuciscus rutilus* L.), provoquant la Xanthose (*Xanthosis Leuciscorum*).

Bien qu'étant assez différentes les unes des autres, les maladies bactériennes étudiées jusqu'à ce jour ont certains points communs. La plupart sont contagieuses et meurtrières. Dans toutes on relève comme symptôme caractéristique la présence, sur la peau, d'ecchymoses plus ou moins étendues; l'hémorragie, comme l'a fait remarquer CHARRIN [1], est une des manifestations les plus constantes de l'infection aiguë aux divers degrés de l'échelle animale. En outre, presque tous les Poissons ont, avant l'agonie, une respiration précipitée, conséquence, sans doute, d'une élévation fébrile de la température du corps.

Aussi, quand on rencontre ces caractères dans une affection dont

---

[1] « L'Infection chez les Poissons » (*Comptes rendus hebdomadaires des séances de la Société de Biologie*, 9e série, t. V, p. 232. Paris, G. Masson, 1893).

la cause n'est pas encore connue, il y a de sérieuses raisons de croire qu'elle est due à un Microbe. Cette hypothèse est admise pour un certain nombre de maladies n'ayant encore été l'objet que d'observations ou de recherches sommaires.

Il va être maintenant traité en détail des diverses infections générales de l'organisme des Poissons d'eau douce d'Europe attribuées, soit avec certitude, soit avec vraisemblance, à des Bactéries pathogènes. Comme on le verra, beaucoup sont des épidémies redoutables, dépeuplant rivières, lacs et étangs, et entraînant des pertes économiques considérables.

1 — La Micrococcose du Goujon

Micrococcosis Gobionis

Vers la fin du mois de septembre 1893, le Docteur A. CHARRIN [1], médecin des hôpitaux, depuis professeur au Collège de France, eut l'occasion d'observer dans le Rhône, près de Lyon, une épidémie sur le Goujon (*Gobio fluviatilis* Ag.). Il put un jour recueillir quarante et un cadavres de Poissons de cette espèce et le lendemain dix-sept autres.

Tous ces animaux présentaient extérieurement un très léger œdème vers la limite du tiers antérieur du corps. A l'autopsie, on ne constatait qu'un épanchement fort minime dans la cavité abdominale.

Les sérosités pathologiques de onze sujets différents ayant été semées sur gélose, on obtint dans les onze cas un seul et même Microbe, dont l'inoculation au Goujon reproduisit la maladie. Il fut également possible de la provoquer en infectant, au moyen de cultures, l'eau d'aquariums contenant des Poissons de l'espèce [2].

L'organisme, dont l'action morbide se trouvait ainsi mise en évidence [3], est un coccus immobile, sphérique, d'un diamètre de 0,6 μ

[1] « Épidémie chez les Goujons » (*Comptes rendus hebdomadaires des séances de la Société de Biologie*, 9e série, t. V, pp. 901-902. Paris, G. Masson, 1893).

[2] On peut en outre intoxiquer le Goujon au moyen de cultures stérilisées.

[3] Le Microbe n'est pas pathogène que pour le Goujon ; le Docteur CHARRIN a pu tuer des Lapins en le leur inoculant ; toutefois, il a dû injecter jusqu'à 2 centimètres cubes de culture.

à 1,2 μ. Les éléments, d'ordinaire isolés ou accouplés deux à deux, se groupent le plus souvent en amas irréguliers dont l'aspect rappelle celui de grappes de raisin. Ils prennent parfaitement les couleurs d'aniline et ne se décolorent pas après traitement par la méthode de GRAM.

Le Microbe liquéfie la gélatine. Sur plaques, les colonies rondes, grisâtres, ne tardent pas à s'entourer d'une auréole qui va progressivement en s'étendant. En piqûre, il se forme une cupule de liquéfaction qui atteint assez vite la paroi du tube, et ne s'accroît plus ensuite que très lentement vers le bas.

Dans les cultures en strie sur gélose se développe une couche saillante, modérément humide, d'abord blanchâtre et devenant à la longue plus ou moins dorée. Suivant la façon dont a été préparée la gelée, la pigmentation s'opère rapidement ou avec une lenteur extrême, est d'une intensité moyenne ou presque nulle ; elle disparaît rapidement.

La pomme de terre ensemencée se recouvre d'un enduit jaune.

Dans le bouillon apparaît une couche uniforme, d'un gris jaunâtre, considérable dès le quatrième jour, si le ballon contenant le liquide est placé dans une étuve à 37° centigrades.

Le lait est bientôt coagulé.

Le Microbe est aérobie.

Son optimum de température paraît se trouver vers 37°-38° ; il cesse de croître vers 44° et périt s'il est maintenu dix minutes à 56°.

Le Docteur CHARRIN, en comparant les caractères morphologiques, culturaux et biologiques qui viennent d'être indiqués avec ceux d'organismes déjà connus, fut amené à conclure qu'il avait affaire au *Micrococcus pyogenes aureus* (Rosenbach). Le germe trouvé chez les Goujons du Rhône correspond à une variété ; ses fonctions chromogènes sont d'une mobilité inusitée, mais cette mobilité est chose fréquente, au point que certains auteurs confondent le Microcoque doré avec le Microcoque blanc.

Il était intéressant de s'assurer si le *Micrococcus pyogenes aureus* type, recueilli sur l'Homme, agirait sur les Poissons. L'expérience fut faite, et les Microbes provenant d'une ostéomyélite parurent d'abord inoffensifs ; mais, isolés depuis six mois, ils étaient sans effet sur le Cobaye. A l'aide d'une culture exaltée on obtint des résultats positifs.

Le germe pathogène pénètre probablement dans l'organisme par des lésions de la peau. L'infection paraît d'ailleurs facile, puisqu'en versant 1 centimètre cube de bouillon fertile par litre dans une eau, on réussit à contaminer les Goujons qui s'y trouvent.

Le Micrócoque doré étant commun dans l'eau de rivière, où il a été signalé par PASTEUR et ULLMANN, on peut se demander pourquoi l'affection dont il est la cause chez le Goujon ne paraît pas courante et répandue. C'est que l'épidémie observée par le Docteur CHARRIN a été probablement une conséquence de la chaleur et de la sécheresse exceptionnelles de l'été 1893 [1] qui amenèrent une forte baisse des rivières et un échauffement anormal de leurs eaux. Les Poissons en ont souffert et se sont trouvés prédisposés à la maladie, tandis que le Microbe, qui, au-dessous de 37°-38°, prospère d'autant mieux que la température est plus élevée, trouvait au contraire son développement favorisé.

La micrococcose du Goujon ne semble pas avoir eu jusqu'ici beaucoup d'importance, mais il est possible que d'autres manifestations se produisent dont les ravages aient une certaine gravité. Si cette éventualité se réalisait, il serait bon, pour apporter quelque obstacle à l'infection de l'eau et à l'extension de la maladie, de recueillir et d'enfouir à quelque distance des rives les cadavres des Poissons victimes de la maladie.

2 — La Peste rouge de l'Anguille

Pestis rubra Anguillarum

On a constaté à plus ou moins fréquentes reprises, dans trois régions distinctes de l'Europe, sur les côtes vénitiennes et dalmates, en Toscane et dans les eaux danoises, que l'Anguille commune (*Anguilla vulgaris* Yar.) périssait quelquefois en masses énormes au moment des fortes chaleurs de l'été.

[1] D'après les observations faites à Saint-Genis-Laval, près Lyon, la température moyenne mensuelle atteignit en juin 1893 : 19°4, en juillet : 19°7, en août : 22°; ce sont là des chiffres élevés et exceptionnels. Quant à l'épaisseur de la lame d'eau pluviale, elle ne fut que de 46mm6 pendant le mois de juillet, ce qui est faible, et de 8mm4 dans le courant d'août, quantité tout à fait minime et anormale.

Sur tous les points, les victimes des épidémies présentent des symptômes très semblables, consistant en épanchements sanguins sous-cutanés, d'où le nom général de peste rouge sous lequel ont été confondues toutes ces maladies.

Il semble en effet qu'on en doive distinguer autant que de zones territoriales différentes éprouvées par des mortalités. La seule similitude des caractères extérieurs n'autorise pas à croire qu'il s'agit partout d'une seule et même affection, d'autant que les ecchymoses n'ont rien de spécifique et apparaissent dans beaucoup d'infections bactériennes (¹). Les recherches faites jusqu'à ce jour ont seulement mis en évidence la nature microbienne des trois sortes de septicémies hémorragiques observées, mais il n'est pas démontré que l'organisme pathogène soit le même pour toutes. Dans un cas il n'est pas encore connu; dans les deux autres, où il a été isolé, on a reconnu entre les Bacilles ainsi découverts plusieurs différences ne permettant pas de conclure à leur identité.

Si on conserve à toutes les maladies en question le nom de peste rouge sous lequel elles sont communément désignées, il conviendra donc de les distinguer par des épithètes. Il semble qu'on puisse les qualifier respectivement d'adriatique, de tyrrhénienne et de baltique, d'après les noms des mers baignant les territoires où se sont manifestées les épidémies, qui ne sévissent d'ailleurs que dans le voisinage des côtes.

Peste rouge adriatique.— Les lagunes de Comacchio, comprises entre deux des bouches méridionales du Pô, sont depuis longtemps célèbres par l'élevage d'Anguilles qui s'y pratique sur une grande échelle. Dans cette exploitation, unique en son genre, qui s'étend sur 39 279 hectares et dont le rendement dans les bonnes années peut s'élever à près de 1 million de kilogrammes, se produisent malheureusement de temps en temps des mortalités considérables, entraînant de grosses pertes économiques. Elles peuvent survenir à

(¹) C'est pour l'Anguille ce qui se produit, par exemple, quand on lui inocule le *B. pyocyaneus* (*Gessard*). — Charrin, « Notes sur un purpura expérimental » (*Comptes rendus hebdomadaires des séances de la Société de Biologie,* 9ᵉ série, t. IV. Paris, G. Masson, 1892).

diverses saisons et tenir à différentes causes [1], mais les plus meurtrières ont lieu par les étés chauds et secs et sont dues à ce qu'on a appelé « peste rouge », « typhus exanthématique contagieux », ou plus simplement « maladie de l'Anguille ».

La première manifestation dont le souvenir ait été conservé remonte à 1718 [2]. Une autre se produisit en 1789 [3], vers la mi-juillet, détruisant environ 241 900 kilos de Poisson dans l'espace de trente-huit jours. En 1825 [4], les ravages furent effrayants, la perte s'éleva à environ 2 963 400 kilos et la production des lagunes baissa de 987 800 à 305 000 kilos, chiffre auquel elle se maintint ensuite pendant huit ans consécutifs. On peut enfin signaler d'autres épidémies plus ou moins graves, en 1850, 1864, 1867 [5] et 1896 [6].

Si la peste rouge adriatique a été surtout observée à Comacchio, lieu d'élevage important où ses dégâts étaient particulièrement sensibles, elle n'est pas spéciale à cette localité, ni même aux eaux saumâtres, elle sévit dans les canaux et étangs sans communication avec la mer, tout aussi bien que dans les lagunes. E. SENNEBOGEN [7] a eu l'occasion de l'étudier en 1884 aux environs de Venise, en 1885 à Chiog-

---

(1) Les froids de l'hiver font parfois périr de grandes quantités d'Anguilles (1 612 000 kilos en 1850). En été, la chaleur peut avoir pour conséquences nuisibles une augmentation de la salure de l'eau et une diminution de sa teneur en oxygène; dans les deux cas, on peut observer des symptômes se rapprochant beaucoup de ceux de la peste rouge. Seul un examen bactériologique permet de caractériser cette dernière, qui est une infection microbienne.

(2) G.-F. BONAVERI, « Comacchio e le sue Lagune ». Césène, 1761.

(3) L. SPALLANZANI, « Voyage dans les Deux-Siciles et dans quelques parties des Apennins ». Traduction française de G TOSCAN, t. VI, p. 154. Paris, Maradan, an VIII.

(4) M. COSTE, « Voyage d'exploration sur le littoral de la France et de l'Italie », p. 74. Paris, Imprimerie impériale, 1855.

(5) G.-D. NARDO, « Confortanti risultanze di alcuni studi sulla sospettata malattia delle Anguille » (*Atti del R. Istituto Veneto di Scienze, Lettere ed Arti*, t. XII, série III Venise, 1867).

Cet article est la première étude spéciale de la maladie.

(6) C'est en 1892 que fut découvert, comme on le verra par la suite, le Microbe de la peste rouge adriatique. Pour les épidémies antérieures dont il est fait mention, on n'a donc aucune preuve certaine qu'elles soient dues à la même cause.

(7) « Sulla « malattia » delle Anguille » (*Neptunia, Rivista Italiana di Pesca ed Aquicultura*, 1902, nos 12, 13, 14. Venise).

gia, en Août 1889 à Mesola, près Ferrare, où la mortalité fut terrible, enfin en 1896, 1898 et 1899 en Herzégovine.

La maladie frappe surtout les Anguilles femelles de belle taille parvenues au moment de la maturité sexuelle et ayant cessé de s'alimenter (1); les sujets plus jeunes sont beaucoup moins éprouvés (2).

Les Poissons atteints ont les nageoires fortement injectées de sang, spécialement l'anale et les pectorales. D'autre part, de petits points de couleur cerise apparaissent sur la peau, particulièrement nombreux dans la partie sous laquelle se trouve le foie. Ils s'accroissent rapidement, se fondent ensemble et finissent par former des taches hémorragiques ulcéreuses, d'abord d'un rouge sombre, puis violettes. Ces plaies cutanées s'observent plutôt sur le ventre et les flancs; elles sont rares dans la région dorsale.

Quand on ouvre des sujets victimes de la peste, on constate une profonde altération de tous les viscères : appareil digestif, rate, vessie natatoire, etc. Le foie est en outre gonflé et le cœur rempli d'un sang noir et visqueux (3).

Lorsque les Anguilles sont frappées de la maladie, elles viennent à

---

(1) Les Anguilles parvenues à maturité sexuelle sont confondues à Comacchio et dans la Vénétie sous le nom de *femenali*, mais on distingue facilement les mâles par leur taille, qui ne dépasse pas 50 centimètres, tandis que celle des femelles peut être de 1 mètre et plus. Les premiers ont en outre la tête allongée, les yeux grands, proéminents, le dos noir, le ventre argenté, tandis que les secondes ont la tête large, les yeux petits, peu saillants, le dos brun, le ventre d'un blanc tirant sur le jaune. Les individus des deux sexes présentant ces caractères, qui indiquent leur aptitude à la reproduction, ne prennent plus de nourriture et se rendent à la mer du mois d'Août au mois de Décembre, les femelles précédant plutôt les mâles.

Les Anguilles non adultes, qui restent en eau douce, sont désignées à Comacchio sous le nom de *pasciuti* (probablement parce qu'elles ne cessent pas de s'alimenter). Les mâles, longs de 30-35 centimètres, ont le dos d'un vert sombre, le ventre cendré piqueté de points noirs. Chez les femelles, qui ont en moyenne 50 centimètres, le dos est verdâtre et le ventre jaune sombre.

(2) La mortalité chez les *pasciuti* atteints de la peste rouge ne dépasse pas 3 %.

(3) Les lésions internes ont une certaine analogie avec celles produites par un empoisonnement à l'arsenic. Le Docteur G.-A. RENIER, de Chioggia, qui étudia la peste rouge en 1867, provoquait artificiellement chez l'Anguille des symptômes très analogues à ceux de cette maladie en employant des préparations arsenicales (G.-S. BULLO, *Piscicultura marina*, p. 319. Padoue, 1891).

la surface de l'eau et s'assemblent souvent par milliers contre les rives, haletantes, souffrantes, faisant pour gagner la terre des efforts violents, mais qui trahissent cependant de la faiblesse ou de la paralysie. Celles renfermées dans des viviers se pressent de même aux ouvertures, cherchant à s'échapper. Au bout de deux heures, la partie postérieure du corps devient inerte, la tête seule continue à s'élever par intervalles, péniblement, pour aspirer l'air. La mort survient bientôt, suivie d'une décomposition extrêmement prompte, le Poisson peut encore donner des signes de vitalité quand la queue et l'abdomen sont déjà en putréfaction.

La cause de cette affection meurtrière a été découverte en 1893 par le Professeur Giovanni CANESTRINI (1), de Padoue. Avec le concours du Docteur Giacomo CATTERINA, son préparateur, il isola du foie de sujets malades un Microbe nouveau, qu'il nomma *Bacillus Anguillarum* E. SINNEBOGEN constata par la suite sa présence dans l'intestin, le sang et la sanie des ulcères (2).

De nombreuses expériences ont prouvé que c'était bien à lui que devait être attribuée la peste rouge adriatique. On le trouve dans l'organisme des Anguilles inoculées par injections sous-cutanées ou intra-péritonéales, qui succombent plus ou moins rapidement en présentant une forte rougeur des nageoires et des ecchymoses et ulcères sur la peau (3) Si, d'autre part, on met des sujets parfaitement sains dans une eau infectée, vingt-quatre heures suffisent pour que les trois quarts au moins des Animaux en observation offrent les symptômes de la maladie (4).

---

(1) « La malattia dominante delle Anguille ; ricerche batteriologiche » (*Atti del R. Istituto Veneto di Scienze, Lettere ed Arti*, t. LI, série III, pp. 809-814. Venise, Carlo Ferrari, 1893).

Voir aussi BAUMGARTENS *Jahresberichte*, 1893 et 1894

(2) Sur l'Animal vivant, les Bacilles sont rares dans le sang, nombreux sur les taches hémorragiques ; c'est le contraire après la mort.

(3) Les inoculations ne réussissent bien qu'avec des Anguilles arrivées à l'âge de la maturité sexuelle, celles non adultes ou *pasciuti* sont rebelles à l'infection. Pour la provoquer chez de jeunes sujets, SENNEBOGEN a dû procéder à trois injections successives.

(4) Le *B. Anguillarum* est encore pathogène pour l'Épinoche et le Carassin doré, d'après les recherches de CANESTRINI. Celles de SENNEBOGEN, relatives au Gobie à gout-

Le *B. Anguillarum* a environ 2,4 μ de longueur sur 1 μ de largeur; mais ces dimensions sont d'ailleurs variables, la première n'étant quelquefois que de 1,5 μ et la seconde pouvant par contre atteindre 1,9 μ. Les éléments sont arrondis à leurs extrémités et très mobiles; on les observe isolés ou accolés deux à deux, rarement réunis en nombre supérieur. On y remarque dans certains cas des corpuscules ovoïdes brillants, mais il n'est pas certain qu'on ait affaire à des spores.

On obtient une bonne coloration par une solution alcoolique de fuchsine ou mieux par le liquide de ZIEHL employé à chaud [1]. Les Bactéries restent colorées après traitement par la méthode de GRAM.

Le Microbe liquéfie la gélatine et s'y développe à la manière du Spirille du choléra; dans les cultures âgées, il se forme un dépôt rosé [2]. L'addition du sel marin à la gelée (1 gramme par 5 centimètres cubes) favorise la croissance [3].

---

telettes, au Muge capiton et au Bar loup, sont moins probantes, une partie des Poissons en expérience a péri, l'autre pas.

Les Batraciens (Grenouilles, Tritons) succombent rapidement à l'infection, tandis que les Mammifères (Porcs, Chats, Lapins, Souris) et Oiseaux (Poules) y sont rebelles, que le Microbe soit introduit dans l'organisme par les voies digestives ou inoculé par injections.

(1) Quand on a affaire à des Bacilles encapsulés de cultures sur pomme de terre, la solution de ZIEHL donne seule de bons résultats.

(2) D'après E. MACÉ, *Traité pratique de Bactériologie*, p. 1110 (Paris, J.-B. Baillière, 1904), les caractères des cultures sur gélatine du *Spirillum choleræ* (Koch) sont les suivants :

« Sur plaques, au bout de vingt-quatre heures, on perçoit dans la gelée de petits points blanchâtres... Ce sont de petits disques granuleux, presque transparents, à bords un peu sinueux. Ceux-ci, le surlendemain, deviennent dentelés, moins nets, parfois filamenteux, la liquéfaction se manifeste : au quatrième jour, on distingue une partie centrale, sorte de noyau légèrement jaunâtre, entourée d'une zone annulaire trouble.

« Dans un tube inoculé par piqûre, on voit se former, vers la vingtième heure, une dépression cupuliforme à la surface, tout le long du canal se produit une culture blanchâtre trouble. Au deuxième jour, il existe à la partie supérieure une excavation bien prononcée, en forme de calotte : en regardant de côté, on a l'illusion d'une bulle d'air incluse dans la gelée. La liquéfaction s'étend les jours suivants : vers le sixième ou le septième jour, elle a atteint les parois du tube ; les caractères du début se sont effacés. »

(3) Le Bacille est très résistant au sublimé, la gélatine peut en contenir 1/10 000e sans que la culture cesse de prospérer.

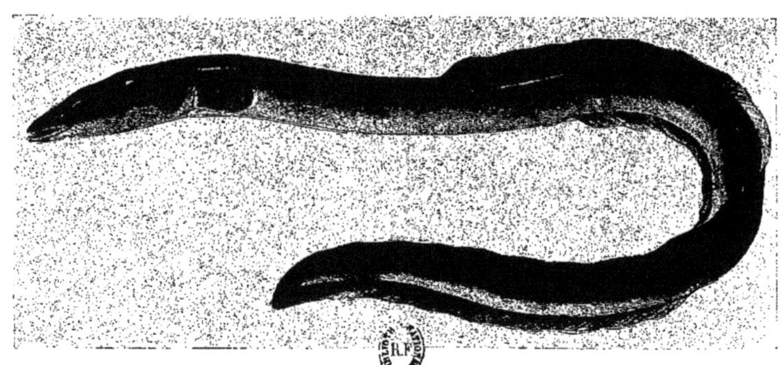

Pestis rubra Anguillarum. Peste rouge de l'Anguille

Sur gélose, il se produit un revêtement blanc jaunâtre.

Sur pomme de terre, les colonies sont de couleur rose pâle ; au bout de quelques jours, les Bacilles s'entourent d'une capsule, soit isolément, soit par couples.

CANESTRINI, bien qu'ayant fait usage de bouillon infecté dans ses expériences d'inoculation, n'a pas indiqué les caractères de la culture dans ce milieu.

L'action sur le lait ne paraît pas avoir été étudiée.

Le Bacille de la peste rouge adriatique est strictement aérobie.

Il se développe vigoureusement aux températures voisines de 16° centigrades, péniblement vers 35°, et meurt enfin s'il est maintenu trente minutes à 55°, à moins qu'il ne soit encapsulé.

Le mode suivant lequel se produit l'infection chez l'Anguille atteinte de peste rouge n'est pas connu ; il paraît seulement probable qu'elle a lieu par les voies digestives. Ce qui est certain, c'est qu'elle est très rapide et que le foie paraît être le lieu d'élection du Bacille.

La maladie est extrêmement contagieuse [1]. SENNEBOGEN ayant mis en présence, dans un bassin d'eau pure, un sujet inoculé et onze autres parfaitement sains, retrouva morts, au bout de vingt heures, le premier et cinq des seconds ; les six restants présentaient les symptômes de la peste. Il constata de plus, en plaçant dans un réservoir où des Anguilles avaient précédemment péri, douze individus en parfait état de vitalité, que cinq d'entre eux succombaient dans la huitaine, et trois autres encore par la suite Par contre, aucune mortalité ne s'observait si le réservoir avait été convenablement désinfecté.

Les conditions dans lesquelles éclatent les épidémies permettent de s'expliquer leur apparition Elles sévissent aux époques de forte chaleur et de sécheresse prolongée. Dans ces circonstances, les eaux baissent, restent stagnantes et s'échauffent, les matières animales et

(1) La contagion n'a lieu facilement que pour les Anguilles parvenues à maturité sexuelle, celles non adultes y sont rebelles.

Quant aux autres Poissons, on n'a pu constater d'une façon précise s'ils ont à souffrir de la peste rouge, on a seulement observé qu'ils disparaissaient des étangs et exploitations au moment des épidémies pour ne reparaître qu'après.

végétales qu'elles renferment se corrompent rapidement. Les Bacilles trouvent là un milieu des plus favorables à leur développement [1]; les Anguilles, d'autre part, ont fort à souffrir de cet état de choses. En dehors de toute infection bactérienne, elles donnent des signes de violent malaise et viennent aspirer l'air à la surface, la quantité d'oxygène dissous n'étant plus suffisante pour les besoins de leur respiration [2]. Dans les lagunes, la teneur en sel peut aussi devenir excessive. De là des prédispositions fâcheuses, portées à leur maximum chez les sujets adultes que fatiguent en outre l'abstinence et la préparation à la fraye. Ceux-ci sont les victimes toutes désignées, le Microbe de la peste peut pénétrer dans leur organisme et l'envahir, ils n'ont pas la vigueur nécessaire pour réagir [3].

Quand une épidémie a lieu, il n'y a qu'à la subir [4]. Il importe seulement, et cela dans l'intérêt surtout de l'hygiène publique, d'enlever rapidement et de détruire les Animaux morts, dont les exhalaisons pestilentielles empoisonnent l'atmosphère. A Comacchio, on les enfouit dans des fosses avec de la chaux vive. Il ne faut pas songer à

---

(1) On a trouve dans les eaux infectées le *B. coli communis* Escherich, le *B. fluorescens putridus* Flugge et le *B. violaceus* Schrœter. Le Docteur NARDO y a observé aussi la présence d'une Algue caractéristique, le *Fucus confervoides* L. (« Sulle materie organiche di origine marina. » Venise, 1875).

(2) L'Anguille menacée d'asphyxie dans les viviers, en faisant effort pour s'en échapper, se meurtrit la queue, d'où production sur la peau de taches analogues aux ecchymoses ulcéreuses de la peste rouge. Mais, outre que l'affection n'est pas meurtrière (SENNEBOGEN l'a appelée « *morbo benigno* », tandis qu'il dénommait « *morbo maligno* » la peste proprement dite), on ne se trouve pas en presence d'une infection bacterienne.

(3) Ces prédispositions, qui se rencontrent dans les étes chauds et secs chez toutes les Anguilles adultes, peuvent exister a d'autres époques chez certains individus et provenir d'autres causes. C'est ainsi que les Poissons étudiés par CANESTRINI avaient ete pêchés au mois de Février à Campo Mezzano, près Comacchio. La peste rouge paraît donc exister à l'etat endémique, frappant d'ordinaire des sujets isolés et éclatant en épidémie quand il y a des causes générales d'affaiblissement de la vitalite chez l'Anguille.

(4) La peste rouge se manifeste tout aussi bien en eau douce qu'en eau salee. C'est pourquoi, lors de l'épidémie de 1789 à Comacchio, il a été inutile de percer les digues a grands frais pour permettre aux Poissons infectés de se rendre dans les bassins de l'exploitation directement alimentés par la mer. C'est pour cela aussi que SENNEBOGEN conteste, avec raison, l'efficacite de la mesure proposée par CANESTRINI et consistant à faire arriver de l'eau douce dans les lagunes ; le remède, vu les époques de secheresse où sévit la maladie, serait d'ailleurs plus théorique que pratique.

tirer un parti quelconque de ces Poissons, de quelque manière qu'on les accommode les chairs tombent en morceaux ; elles ont une odeur nauséabonde et un goût amer et repoussant.

Lorsque la maladie aura éclaté dans un vivier, il sera bon d'en changer l'emplacement, mais il est indispensable de le désinfecter soigneusement au préalable, sans quoi on court le risque — et la chose a dû se passer plus d'une fois — de propager l'infection en cherchant à l'éviter.

Peste rouge tyrrhénienne. — Dans le courant de l'été 1901, le Professeur B. Gosio eut l'occasion d'observer dans les étangs d'Orbetello, près Grossetto, en Toscane, une grande mortalité sur les Anguilles, dont il est fait en ce lieu un commerce considérable (1).

Les Poissons malades, faibles et inertes, présentaient éparses sur tout le revêtement cutané de nombreuses ecchymoses punctiformes, plus abondantes à la partie ventrale, sur les nageoires et dans le voisinage des ouïes, de la bouche et de l'anus. Elles donnaient à l'animal un aspect caractéristique et justifiaient le nom de peste donné à l'affection. Il a été remarqué quelquefois des foyers ulcéreux.

A l'autopsie, on constatait d'importants épanchements sanguins dans la cavité péritonéale et les viscères, l'estomac et le cloaque étant particulièrement injectés, le foie généralement gonflé, friable, quelquefois anémié, plus souvent hyperémié, la rate tuméfiée et congestionnée.

Ces symptômes sont, en somme, ceux d'une septicémie hémorragique très analogue à celle qui sévit dans les lagunes de l'Adriatique ;

---

(1) Au mois de novembre 1788, Spallanzani, venu visiter le lac d'Orbetello, y était arrivé « peu d'heures après qu'il avait péri une quantité considérable d'Anguilles, on pouvait l'evaluer à 12 000 livres pesant. Leurs cadavres gisaient par monceaux... Le directeur de la pêche, à qui cette mortalité causait une perte de plus de 500 ducats napolitains, attribuait l'accident a ce que le flux de la maree montante ne s'était pas fait sentir dans le lac comme a l'ordinaire, l'eau etait restée en stagnation et s'était echauffée. » (« Voyage dans les Deux-Siciles », traduction Toscan, t. V, p. 30.)

Le célèbre naturaliste ne donne pas les symptômes de l'épidémie, il est donc impossible de savoir s'il s'agit de la même maladie observée par le Professeur Gosio cent dix-sept ans plus tard.

on a même cru à leur identité, mais l'agent pathogène diffère quelque peu dans les deux maladies.

Celle observée dans le voisinage de la côte tyrrhénienne est encore une infection bactérienne; le Professeur Gosio a en effet isolé du sang et du foie des Poissons atteints un Microbe qui, inoculé à des Anguilles saines, ou introduit dans l'eau où elles vivent, détermine une maladie ayant tous les caractères de celle d'Orbetello. Mais ce Microbe, dont il confia l'étude au Docteur F. Inghilleri (1), qui le désigne sous le nom de *Bacillus pestis rubræ* (2), offre, au point de vue des caractères morphologiques et culturaux (3), des différences assez notables avec celui découvert par Canestrini.

Les éléments prennent bien les couleurs basiques d'aniline, en présentant quelquefois le phénomène de la coloration polaire, ce qui les fait ressembler à des Diplobacilles (4). Ils se décolorent par la méthode de Gram.

---

(1) « Sulla eziologia e patogenesi della peste rossa delle Anguille ; nota preventiva » (*Atti della Reale Accademia dei Lincei. Rendiconti, classe di scienze fisiche, matematiche e naturali*, 5e série, vol. XII, 1er sem., p. 13. Rome, V. Salviucci, 1903).

(2) Le Docteur Inghilleri considere que la maladie observee a Orbetello est la même que celle qui exerce ses ravages a Comacchio et sur les côtes voisines, il n'y a donc pour lui qu'une seule peste rouge dont l'agent étiologique est le microorganisme trouvé par le Professeur Gosio, d'ou le nom sous lequel il le décrit. Le *B. Anguillarum* de Canestrini lui parait, un peu a bon droit, avoir eté l'objet d'une étude trop sommaire pour qu'il soit possible de le considérer comme une espèce scientifiquement établie.

(3) L'inoculation expérimentale revèle aussi d'autres differences. Le Bacille d'Inghilleri est pathogène pour beaucoup de Poissons d'eau douce, pour les Tritons, pour la Salamandre, le Cobaye, le Lapin, le Rat blanc, la Souris grise. Chez le Pigeon, il ne determine que des lesions locales. La Grenouille reste indemne, quel que soit le procédé employe. Or, cette dernière ne résiste pas a l'infection par le *B. Anguillarum* de Canestrini, qui par contre est sans action sur les Mammifères et les Oiseaux. Il y a donc là encore une raison de considerer les deux microorganismes comme distincts.

Peut-être cependant ne faut-il pas y attacher une importance trop grande. Inghilleri rapporte en effet qu'il eut accidentellement l'occasion de voir combien la virulence des Microbes peut varier suivant les circonstances. Une maladie ayant frappe des Poissons d'eau douce conservés dans un bassin de son laboratoire, il isola un Bacille très analogue a celui de la peste rouge des Anguilles, mais non pathogène pour ces dernières. Il le devenait toutefois après culture dans des milieux additionnes de 3 °/o de sel marin et plusieurs passages successifs sur des sujets de l'espèce.

(4) Pour observer les cils dont est pourvu le Bacille, on colore par la methode Nicolle-Morax.

Dans les tissus et les exsudats pathologiques, ils se présentent sous forme de bâtonnets isolés ou réunis par couples, longs de 2 à 3 μ, larges de 0,3 à 0,4 μ, arrondis à leurs extrémités, pourvus de cils et mobiles. Il ne se forme pas de spores.

Le développement sur gélatine, en plaques ou en piqûre, est analogue à celui du Spirille du choléra.

Sur gélose, les Bactéries forment des amas d'aspect zoogléique, le milieu de culture brunit et prend un aspect vitreux, de nombreux cristaux prismatiques, diversement groupés, y apparaissent. Durant les vingt-quatre à trente-six premières heures, on observe une légère fluorescence bleuâtre.

Les colonies, sur pomme de terre, forment un revêtement de couleur jaune.

Le bouillon infecté se recouvre d'une mince membrane.

Le lait est coagulé.

Le *B. pestis rubræ* est aérobie facultatif, mais l'oxygène favorise sa croissance.

Peu exigeant en ce qui concerne la température, il préfère celle de 20° centigrades ; sa vitalité diminue à partir de 35°.

L'évolution de la peste tyrrhénienne paraît aussi rapide que celle de la peste adriatique, la mort survient généralement au bout de deux à trois jours. Il y a cependant des cas où l'infection a une marche plus lente, la maladie peut même prendre un caractère consomptif et il arrive enfin quelquefois qu'elle se termine par une guérison.

La décomposition, chez les Anguilles mortes, ne paraît pas extrêmement prompte, tout au moins celles-ci sont-elles consommees dans les environs d'Orbetello. Les amateurs en regardent la chair non seulement comme comestible, mais encore plus savoureuse et nourrissante que celle des individus non pestiférés ; il paraît cependant douteux qu'elle constitue un aliment sain et hygiénique (1).

Peste rouge baltique. — Sur les côtes du Danemark, de la Poméranie et aussi de la Hollande, les Anguilles conservées en viviers

(1) Le Cobaye et le Lapin peuvent en effet être infectes par les voies digestives.

périssent parfois par milliers durant la saison chaude. C'est en 1896 que la maladie à laquelle elles succombent, déjà connue antérieurement, fut bien observée pour la première fois par le Professeur Arthur FEDDERSEN [1], de Copenhague ; elle exerça ses ravages sur les côtes méridionales de l'île danoise de Seeland, se faisant aussi sentir, mais avec une violence moindre, dans celle de Rügen (Allemagne). De nouvelles manifestations ont été signalées en 1897, 1900, 1902, dans le Lijmfjord, au nord du Jutland. Ces mortalités ont fait éprouver au commerce d'Anguilles, très important dans la région, des pertes considérables.

Les Poissons sont frappés sans distinction d'âge ni de sexe, et aussi bien dans les eaux douces que dans les eaux saumâtres, quand leur température atteint 17°5 centigrades, ce qui a lieu vers la mi-Juillet.

Chez les animaux atteints, les nageoires dorsale et caudale s'injectent de sang, puis des ecchymoses punctiformes apparaissent sur l'abdomen, d'autres plus étendues çà et là sur le corps. Les Anguilles se tournent alors fréquemment le ventre en l'air, deviennent faibles et se laissent prendre aisément. Bientôt des pustules se montrent sur lesquelles la peau se détache en lambeaux, la rougeur de l'abdomen s'accentue vers l'anus, qui s'entoure d'un anneau étroit de coloration particulièrement intense. La mort survient alors, vingt-quatre heures environ après que la maladie s'est déclarée.

En ouvrant des sujets pestiférés, on constate que l'appareil digestif est le siège d'une forte inflammation et qu'un foyer hémorragique étendu existe sur la paroi dorsale de l'estomac. La chair est de couleur jaune-citron sale.

Les recherches du Professeur HOFER, de Munich [2], n'ont pas abouti à découvrir la cause de l'affection ; toutefois, d'après mes symptômes, l'absence constatée de parasites animaux ou végétaux, il résulte que la seule hypothèse admissible est celle d'une infection bactérienne.

L'apparition de la maladie paraissant liée à l'élévation de la tem-

---

(1) *Dansk Fiskeriforenings Medlemsblad.* Copenhague, 1896, nos 46 et 47 ; 1897, n° 34.

(2) « Die Rotseuche des Aals » (*Allgemeine Fischerei-Zeitung.* Munich, 1898, n° 1, p. 3).

pérature, il semble indiqué de placer les viviers à Anguilles dans des eaux suffisamment fraîches, ce qu'on peut obtenir en les installant à profondeur convenable. Il faudrait aussi ne pas y renfermer à la fois trop de Poissons.

Les Poissons morts de la peste se corrompent rapidement, mais s'ils sont accommodés à temps, leur chair n'offre pas de mauvais goût et peut être consommée sans inconvénients.

3 — La Colibacillose de l'Alose finte des lacs

Colibacillosis Alosæ fintæ lacustris

Le lac de Lugano, situé à l'extrémité méridionale du canton suisse du Tessin, et s'étendant aussi vers le nord sur la province italienne de Côme, est habité par une variété particulière de l'Alose finte [*Alosa finta*, C. & V., var. *lacustris* Fatio] (1). Les sujets de cette espèce effectuent normalement des migrations, c'est ainsi que ceux pêchés en Lombardie viennent de l'Adriatique ; ils remontent au printemps le Pô et ses affluents pour venir y frayer, puis regagnent la mer à la fin de l'été. Les Aloses de Lugano sont au contraire sédentaires ; elles ne quittent jamais les eaux du lac, dont elles sont d'ailleurs le Poisson le plus abondant, celui dont les riverains font la plus forte consommation et qui a la plus grande importance économique.

Cette variété lacustre est assez souvent décimée par des épidémies. Celle de l'hiver 1866 fut extrêmement meurtrière ; d'autres plus bénignes eurent lieu en 1889, 1892 et 1894. La dernière en date, d'après les renseignements recueillis par le Docteur VINASSA (2), Directeur du laboratoire cantonal d'hygiène à Lugano, et l'Inspecteur fores-

---

(1) FATIO distingue, pour l'Alose finte, trois variétés dont les appellations italiennes sont respectivement celles de « *Cheppia* », « *Agone* » et « *Antesine* ». C'est la seconde qu'on trouve dans le lac de Lugano et aussi dans le lac Majeur ; elle se distingue de la première, qui est celle fréquentant les rivières lombardes, par sa taille plus faible (18-26 centimètres, au lieu de 42-50). En raison de son habitat, elle a reçu la dénomination d'*Alosa finta*, var. *lacustris* (Faune des Vertébres de la Suisse, t. V ; Histoire naturelle des Poissons, IIe partie, p. 40).

(2) « La moria degli Agoni nel Ceresio. Lugano. »

tier cantonal MERZ, de Bellinzona, se manifesta à la fin de 1901 et se prolongea jusqu'en mars 1902; elle exerça ses premiers ravages dans la partie médiane du lac, puis, gagnant vers le nord-est et le sud-ouest, s'étendit à toute la surface, soit 248 kilomètres carrés. Le nombre des victimes ne fut pas inférieur à 1 million, ce qui fait ressortir à 60 000 francs environ le montant de la perte éprouvée. La mortalité était surtout considérable, semble-t-il, après les nuits froides ; elle atteignait son maximum quand les eaux des tributaires du lac étaient troubles [1]

Les Poissons malades nageaient sur le dos pendant une journée, puis s'arrêtaient inertes et coulaient à fond. La décomposition était rapide.

Ces Aloses présentaient extérieurement de forts épanchements sanguins sur la tête, d'autres pouvaient s'observer à l'extrémité de la nageoire caudale ; les alentours de l'anus étaient fortement enflammés

En ouvrant l'animal, on trouvait le péritoine, les organes génitaux, l'intestin sur toute sa longueur, et surtout dans le voisinage du pylore, d'une couleur rouge foncé. La rate était d'un bleu sombre sur ses bords; le foie, rouge clair, avait une consistance molle et friable; un sang noirâtre remplissait l'oreillette. Toutes ces apparences dénotaient une inflammation intérieure très aiguë et intense.

La Direction supérieure des Forêts suisse consulta différents spécialistes pour connaître la cause de cette maladie fort préjudiciable aux pêcheurs du lac de Lugano. Ce fut le Docteur STUDER [2], professeur à l'Institut zoologique de Berne, qui en découvrit la nature en constatant la présence dans le sang de nombreux Microcoques, tantôt groupés, tantôt isolés. Le Professeur G.-P. PIANA, de l'École supérieure de médecine vétérinaire de Milan, opinait en même temps qu'il s'agissait d'une sorte de typhus.

L'étude détaillée et approfondie de l'affection fut alors entreprise à la Station de recherches pour l'étude des maladies infectieuses, à

---

[1] Une autre épidémie sur les Aloses de Lugano a sévi en 1903, mais, d'après les observations du Professeur MAZZARELLI, il ne s'agissait pas d'une infection bactérienne, mais d'une maladie due à une Myxosporidie, la pseudodiphtérie. « *Ricerche sulla epizoozia degli Agoni manifestatasi nel lago di Lugano, negli anni 1904 e 1905* ». *Acquicoltura lombarda*, n°s 7-8-9, 1905. Milan).

[2] *Neptunia, Rivista italiana di Pesca ed Aquicoltura*, vol. XVIII, n° 15.

Berne, par M. Otto-E. VOGEL [1], vétérinaire à Kreuznach (Prusse rhénane), qui n'eut malheureusement à sa disposition qu'une seule victime de l'épidémie [2].

M. Vogel examinant en effet le Poisson qui lui avait été remis, observa, dans le liquide rougeâtre de la cavité viscérale, la présence d'un Bacille très abondant, se rencontrant aussi dans le sang, l'intestin et la musculature.

Pour faire la preuve directe de son action pathogène, il aurait fallu pouvoir l'inoculer à des Aloses; mais ces dernières meurent aussitôt qu'on les sort de l'eau et ne peuvent être conservées en aquarium ou en vivier. Faute de mieux, les expériences portèrent sur la Truite et le Barbeau. Les sujets sur lesquels furent pratiquées des injections intramusculaires ou intrapéritonéales succombèrent plus ou moins rapidement, en présentant des ecchymoses sur différents points de la surface du corps, et une inflammation dans le voisinage de l'anus. Le Microbe introduit s'était répandu dans tout l'organisme et on pouvait le retrouver dans la cavité viscérale, l'intestin, la rate, le foie, le cœur et le rein [3].

Ce Microbe se présente, dans les cultures fraîches [4], sous l'apparence de petits bâtonnets courts, de forme ovale, mesurant environ 0,6 à 1,3 μ sur 0,6 μ, le plus souvent réunis deux à deux en Diplocoques. Ils sont munis de quatre cils moteurs, et leurs mouvements sont d'autant plus vifs qu'ils sont plus jeunes.

Les éléments prennent bien les couleurs usuelles d'aniline, surtout

---

(1) « Die Seuche unter den Agoni des Lago di Lugano » (*Colibacillosis Alosæ fintæ*) [*Zeitschrift für Hygiene und Infectionskrankheiten*, t. XLIV, pp. 281-322. Leipzig, von Veit, 1903].

Voir aussi *Allgemeine Fischerei-Zeitung*. Munich, 1903, n° 5, pp. 77-81.

(2) Dans ces conditions, et si approfondies qu'aient été les recherches, elles sont bien insuffisantes pour établir la véritable nature de la maladie ayant sévi à Lugano. Rien de plus risqué, surtout après les beaux travaux ultérieurs du Professeur MAZZARELLI sur la pseudodiphtérie, qu'une généralisation des constatations faites sur un unique sujet. Elles n'en ont pas moins leur intérêt au point de vue de l'ichthyopathologie, comme mettant en évidence la nocuité dans certaines circonstances d'un germe fort répandu.

(3) Le Microbe provenant de l'Alose examinée par M. VOGEL s'est encore montré pathogène pour un Crustacé, le *Cambarus Bardoni*, et un Batracien, le *Triton tæniatus*. Par contre, la Grenouille (*Rana esculenta*) n'est nullement affectée.

(4) Dans les cultures âgées, on observe des formes d'involution

le violet de méthyle ; ils se décolorent après traitement par la méthode de GRAM.

En ensemençant sur plaques de gélatine, celles-ci apparaissent, au bout de deux jours à 22° centigrades, comme parsemées de très fines gouttelettes. Observées à faible grossissement, les colonies ont une teinte jaunâtre ; celles situées dans l'épaisseur de la gelée sont franchement rondes ; on y distingue deux zones : l'une centrale, sombre, finement granuleuse ; l'autre marginale, claire, d'aspect homogène.

En piqûre, une traînée grisâtre se forme tout le long du canal d'inoculation, tandis qu'un revêtement uni s'étend rapidement à la surface de la gélatine et atteint bientôt la paroi du tube.

Les stries sur gélose donnent naissance, en vingt-quatre heures, à la température ordinaire, à une couche muqueuse d'un gris pâle.

Dans ces mêmes conditions, sur pomme de terre, on obtient une culture de consistance semblable, à contour ondulé ; sa couleur, d'abord blanchâtre, devient ensuite jaunâtre, puis brunâtre.

Le bouillon se trouble rapidement dans toute la masse, et il s'y précipite un dépôt blanc.

Le lait est complètement coagulé au bout de trois jours.

Le Microbe étudié par VOGEL peut se développer à l'abri de l'air, mais fort mal.

Les températures qui paraissent le mieux lui convenir sont celles comprises entre 20° et 37° centigrades. Il résiste bien vingt-quatre heures durant à l'action d'un froid de — 10°, mais est sensible à la chaleur et périt s'il est maintenu cinq minutes à 60° (1).

D'après tous ces caractères, il semblait qu'on eût affaire au *Bacillus coli communis* (Escherisch), qui existe normalement dans l'intestin de l'Homme et de beaucoup d'Animaux. Cet organisme est généralement inoffensif et en particulier pour le Barbeau, quel que soit le mode d'infection employé, mais peut cependant devenir nuisible dans certaines circonstances. VOGEL a constaté que des Microbes de cette espèce provenant de selles diarrhéiques, et pathogènes pour les Ver-

(1) Le Bacille étudié par VOGEL résiste parfaitement à la dessiccation, il ne périt qu'au bout de sept à huit jours sur fils de soie placés dans une étuve à 37° centigrades. Il périt en une minute quand on ajoute aux cultures 1 °/oo de sublimé, en vingt minutes si on les additionne de 1 °/o d'acide phénique.

tébrés à sang chaud, l'étaient aussi pour des Chevaines placés dans une eau à 20°. Il a de plus observé que ceux trouvés chez l'Alose finte perdaient leur virulence par culture prolongée dans les milieux artificiels, et sous l'influence d'une diminution de chaleur; ils la recouvraient d'ailleurs à la suite d'une élévation de température et par passages successifs sur plusieurs Poissons. On est donc conduit à admettre leur identité avec le Colibacille (1), dont l'action sur l'hôte est soumise à de grandes variations.

Si on admet que l'épidémie du lac de Lugano est due ainsi à une Bactérie, il paraît probable que l'infection s'est faite par les voies digestives (2); tout ce qui est certain, c'est qu'elle a été extrêmement rapide, car l'estomac des Animaux qui y succombaient contenait des Insectes et des Entomostracés.

D'où provenaient alors les germes pathogènes? Le *B. coli communis* ne se rencontre pas normalement dans l'intestin des Poissons (3); s'il existe dans l'eau du lac, ce qui est presque certain, ce ne doit être qu'à l'état d'organisme saprophyte. Aussi est-il bien plus vraisemblable que les Microbes auxquels est attribuée la maladie provenaient de Mammifères. Dans un grand nombre d'affections de l'Homme et des Animaux domestiques (4), des Colibacilles virulents sont évacués avec les fèces et les urines (5). Or, à Lugano tous les lieux

---

(1) L'identité du Microbe de l'Alose finte et du Colibacille se manifeste encore dans l'action sur les matières albuminoïdes et les hydrates de carbone, et dans les résultats obtenus par inoculation de la toxine à la Grenouille (paralysie).

(2) Les recherches faites sur la Truite et le Barbeau ont montré que l'infection par le Bacille isolé par VOGEL, facile par injections intramusculaires ou intrapéritonéales, ne réussissait pas quand on se contentait de déverser des cultures dans l'eau des aquariums ou de les introduire dans l'estomac des sujets d'expérience, mais on ne peut tirer de là aucune conclusion relativement à l'Alose, qui seule a été victime de l'épidémie de Lugano. Il ne semble pas, en effet, y avoir une relation entre cette dernière et une mortalité de quinze mille Barbeaux, Tanches et Perches survenue quatre semaines plus tôt dans la Tresa, émissaire du lac, et à l'extrême pointe occidentale de ce dernier

(3) Sauf peut-être chez l'Anguille, d'après REMMELTS.

(4) Choléra, fièvre typhoïde, entérite, dysenterie, néphrite, cystite, etc.

(5) Il n'a toutefois été signalé à Lugano, au moment de la maladie sur les Aloses, aucune épidémie parmi les riverains du lac ou les Animaux domestiques, sauf le choléra des Poules Le *B. coli communis* abonde dans l'intestin de ces volailles et a

d'aisances se déversent dans des canaux aboutissant au lac. Quand on sait que les débouchés des égouts sont toujours fréquentés par de nombreux Poissons qui viennent y chercher pâture, l'hypothèse faite devient encore plus plausible. Une preuve de plus à l'appui résulterait enfin du fait que la mortalité croissait quand les affluents se troublaient, c'est-à-dire à la suite de fortes pluies déterminant l'entraînement dans les canalisations d'une grande quantité de matières infectieuses.

Quand une épidémie se manifeste sur les Poissons, quelle qu'en soit la nature, il y a toujours lieu, pour en enrayer la propagation, de recueillir les Animaux morts ou mourants[1], qui sont ensuite brûlés, enterrés avec de la chaux vive ou transformés en farine pour engrais. Dans le cas particulier de la maladie de Lugano, on pouvait manger les Aloses qui venaient de périr, à l'exception toutefois de la tête dont la décomposition était très rapide. Aucun accident n'est résulté de leur consommation.

Si les mortalités tiennent bien à la cause indiquée par VOGEL, il devrait être possible de les éviter, il suffirait pour cela de ne déverser dans les eaux naturelles celles des égouts qu'après leur avoir fait subir une épuration suffisante. On dispose pour cela de procédés mécaniques, chimiques et biologiques; il y aurait d'autant plus lieu d'y recourir que l'intérêt du Poisson n'est pas seul en jeu, mais celui aussi de l'hygiène publique.

4 — La Peste rouge des Cypriniens

Purpura Cyprinorum

La Carpe (*Cyprinus carpio* L.) et la Tanche (*Tinca vulgaris* C.&V.), peut-être aussi d'autres Poissons du même groupe, périssent souvent

fort bien pu, en raison de l'affection qui les épuisait, acquérir des propriétés virulentes. Mais il n'est pas nécessaire, pour expliquer la présence de Colibacilles pathogènes dans les eaux d'égout, qu'il y ait eu maladie des Hommes ou des Animaux ayant un caractère épidémique.

[1] Les Oiseaux ichthyophages rendent alors de précieux services, comme l'a observé le Docteur VINASSA à propos de l'épidémie de Lugano.

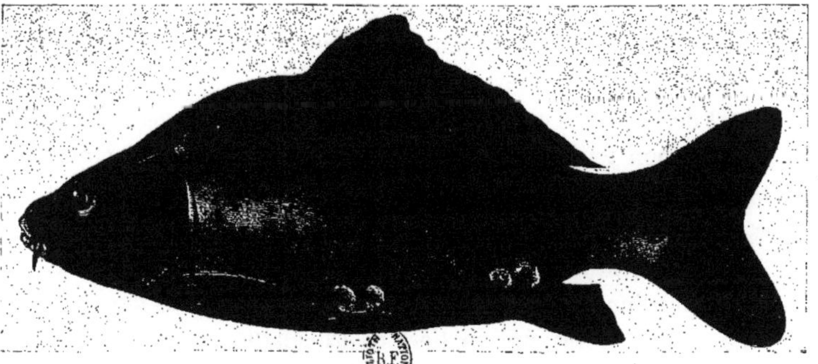

Purpura Cyprinorum. Peste rouge des Cypriniens

en masse, dans les viviers et étangs d'hivernage, victimes d'une épidémie observée en Allemagne sur des points très différents et qui paraît des plus répandues.

Le nom de « *purpura* » ou de « peste rouge », donné à cette affection, est dû à la teinte plus ou moins prononcée que présentent le ventre et les flancs des individus malades. Cette teinte résulte d'une forte dilatation et d'un engorgement des vaisseaux cutanés, ainsi que d'épanchements sanguins dans la peau même ; elle est d'intensité très variable suivant les cas. Tantôt, comme d'ordinaire chez la Carpe commune, le changement de couleur est à peine appréciable, tantôt, comme chez les variétés à miroir (*C. specularis* Lac.) et à cuir (*C. nudus* Bl.), il frappe vivement les yeux, toute la partie abdominale du corps étant fortement injectée de sang, de même que les nageoires inférieures.

L'aspect de la peau n'est pas le seul symptôme de la maladie. Les ouïes sont, sinon toujours, du moins fréquemment, plus ou moins gangrenées et nécrosées ; on y observe de petites taches hémorragiques. Très souvent l'intestin est le siège d'une violente inflammation ; non seulement il est anormalement et intensément rouge, mais parfois rempli d'un mucus sanguinolent et, dans bien des cas, tout rongé de petits ulcères sur un tiers de sa longueur. Le cœur est enfin assez habituellement attaqué, le péricarde présentant des épaississements et adhérant aux muscles cardiaques d'une façon partielle ou totale [1].

Les Poissons malades, peu vigoureux, viennent souvent à la surface de l'eau et s'y tiennent immobiles, quelquefois inclinés sur le flanc ; ils meurent insensiblement, sans paraître souffrir, au bout d'un temps qui peut aller jusqu'à plusieurs semaines.

La peste rouge a été étudiée, en 1903, à la Station de recherches ichthyobiologiques de Munich. La Doctoresse Marianne PLEHN a

[1] En somme, la peste rouge des Cypriniens ne présente aucun symptôme absolument caractéristique. La teinte rouge de la peau, souvent peu appréciable, peut disparaître (par un séjour dans une eau fraîche et courante) sans que la guérison s'ensuive. Les altérations des ouïes, de l'intestin, du cœur s'observent dans le cas d'affections spéciales à ces organes. Les recherches bactériologiques seules permettent de déterminer la maladie avec certitude.

montré qu'elle était due à un Bacille auquel elle a donné le nom de *Bacillus cyprinicida* (1). Il se rencontre en abondance dans tous les organes, et particulièrement dans le rein, chez tous les Poissons atteints de peste même faiblement déclarée. Divers essais d'infection l'ont fait reconnaître comme extrêmement pathogène pour la Carpe et la Tanche (2). Les sujets auxquels des cultures ont été, soit injectées dans les muscles ou la cavité viscérale, soit introduites dans les voies digestives, donnent d'abord des signes d'une agitation violente et fébrile; ils se calment ensuite, deviennent inertes et meurent enfin sans exception au bout de cinq à vingt jours. On constate que le Microbe introduit s'est répandu dans tout le corps et y pullule; sa présence détermine des désordres plus ou moins graves : accumulation de pus autour des viscères, inflammation, voire petits ulcères de l'intestin. La coloration rouge de la peau, qui a valu son nom à la maladie, n'a toutefois jamais été observée sur les Poissons en expérience, l'altération des vaisseaux dont elle est la conséquence n'ayant probablement pas le temps de se produire, comme c'est le cas dans la nature. L'infection provoquée artificiellement a, en effet, une marche beaucoup plus rapide.

Le *Bacillus cyprinicida* se distingue par la faculté qu'il possède de produire du mucus. C'est ainsi que, dans le corps des Poissons atteints de peste rouge, la cavité viscérale est souvent remplie d'une masse visqueuse s'étirant en longs fils. De même, dans la plupart des milieux de culture, le Microbe se présente sous forme d'un court bâtonnet de dimensions assez variables, ayant en moyenne 1 μ sur 0,8 μ, entouré d'une forte capsule mucilagineuse. Mais il faut pour cela que les cultures soient fraîches; quand elles sont âgées ou

---

(1) « Die Rotseuche der karpfenartigen Fische, eine Infektionskrankheit der Winterteiche und Halter » (*Allgemeine Fischerei-Zeitung*. Munich, 1903, n° 11, pp. 198-201)

(2) Mme Plehn a expérimenté l'action du *B. cyprinicida* sur les Salmonides Une injection intramusculaire de quelques centièmes de centimètre cube amène une agitation plus violente que chez les Cyprinides, suivie d'une mort plus rapide. L'introduction de bouillon de culture dans l'appareil digestif n'a au contraire de conséquences nuisibles que si le Poisson en expérience est faible et maladif; s'il est vigoureux, il paraît à peine incommodé, le Bacille périssant probablement sous l'action du suc gastrique.

légèrement acides, la capsule manque, les Bacilles sont plus longs et plus fins et s'assemblent souvent en pseudofilaments.

Tous les procédés usuels permettent d'obtenir une coloration rapide et intense des éléments [1], qui se décolorent sous l'action du liquide de GRAM.

Sur plaques de gélatine, les colonies superficielles apparaissent au bout de vingt-quatre heures, celles plus profondément situées se montrent quelques jours plus tard et ne commencent à se développer vigoureusement que quand elles atteignent la surface; elles constituent de petites demi-sphères blanches et brillantes dont le diamètre atteint 2 à 3 millimètres. Il ne se produit pas de liquéfaction. La gélatine, légèrement fluorescente au début, devient franchement verte au bout de trois jours environ.

La culture en piqûre affecte la forme d'un clou, la croissance est faible à l'intérieur du tube, tandis qu'elle est intense vers la surface; celle-ci est le siège d'une forte fluorescence, qui va en disparaissant vers le fond.

Sur gélose, on observe un revêtement brun clair, mucilagineux.

Sur pomme de terre, le Bacille ne présente pas de capsule, il n'y a jamais formation de mucus.

Il s'en produit au contraire dans les cultures sur bouillon, à moins que le liquide ne soit un peu acide.

Il en est de même pour le lait, qui se prend en une masse crémeuse et visqueuse; le Microbe y prospère au mieux et très rapidement.

Le *Bacillus cyprinicida* est aérobie.

C'est entre 10° et 20° centigrades que son développement s'effectue le mieux; il se ralentit notablement au-dessous de 10° et cesse quand la température s'élève à 37° [2]. Les cultures meurent au bout de dix minutes quand elles sont soumises à une chaleur de 50°.

Dans la nature, l'infection qui provoque la peste rouge a très pro-

---

[1] La capsule mucilagineuse entourant le Bacille prend aussi facilement les couleurs.

[2] On peut en conclure, même en l'absence de recherches sur ce sujet, que le *Bacillus cyprinicida* n'est pas pathogène pour les Animaux à sang chaud.

bablement pour origine les voies digestives, les germes pathogènes étant absorbés avec la nourriture. Elle ne paraît pas se produire facilement quand le Poisson se trouve dans de bonnes conditions d'existence ; on peut en effet conserver longtemps ensemble des Carpes saines avec d'autres pestiférées sans observer de contamination. Mais il en est autrement si l'eau est souillée de déchets organiques en putréfaction, si des cadavres de sujets victimes de la maladie s'y décomposent ; c'est dans ce cas que surviennent des épidémies très contagieuses.

S'il s'en produit une, il faut, dès qu'on s'en aperçoit, séparer des autres les individus attaqués. Le mieux est de les vendre aussitôt pour la consommation ; en cas d'impossibilité, il faut les transporter dans une eau claire et courante, on peut ainsi en sauver une partie.

Pour éviter la peste rouge, il suffit que la propreté règne dans les viviers et les étangs d'hivernage. C'est ce qui malheureusement n'a pas toujours lieu. En particulier, dans les huches des marchands de Poissons il existe généralement un dépôt d'ordures, de lambeaux de chair et d'écailles formant une couche haute comme la main ; l'eau se renouvelle seulement à la surface. Il y aurait grand intérêt à aménager ces réservoirs avec un fond à claire-voie, à travers lequel les déchets de toute espèce tomberaient et seraient entraînés, tandis qu'un courant pourrait s'établir à travers toute l'installation. Dans ces conditions, les chances pour qu'une épidémie éclate parmi les sujets très nombreux, et souvent trop nombreux, qu'on y renferme à l'étroit, se trouveraient de beaucoup diminuées.

5 — La Lépidorthose des Poissons blancs

Lepidorthosis contagiosa

La lépidorthose est une maladie attaquant très souvent différentes espèces du groupe des Leucisciniens : Chevaine (*Squalius cephalus* L.), Vandoise (*Squalius leuciscus* L.), Ide (*Idus melanotus* H. & Kn.), Gardon (*Leuciscus rutilus* L.), Rotengle (*Scardinius erythrophtalmus* L.), Brème (*Abramis brama* L.) ; elle frappe aussi la Carpe (*Cyprinus carpio* L.). On l'a constatée avec certitude en Bavière, en

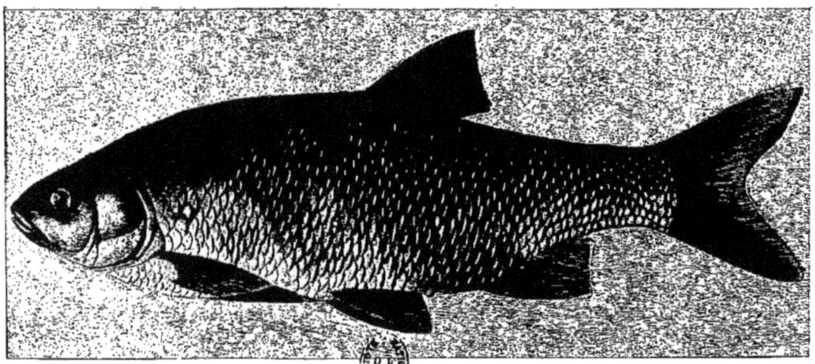

Lepidorthosis contagiosa. Lépidorthose des Poissons blancs

Moravie, en Prusse et en Russie [1]. Elle paraît très répandue et sévit particulièrement dans les eaux souillées par d'abondantes substances organiques décomposables.

Il est rare, cependant, de pouvoir observer cette affection dans la nature, les animaux malades ayant, comme on le verra plus loin, la partie caudale paralysée et devenant ainsi une proie facile pour les ichtyophages de tout ordre. Dans les eaux closes, au contraire, on a de fréquentes occasions de trouver des sujets atteints de lépidorthose, et surtout dans les viviers des marchands de Poissons.

Le symptôme typique consiste en un redressement des écailles qui se manifeste en un point et s'étend ensuite, lentement d'abord,

Fig. 1. — Ide mélanote atteint de lépidorthose.
(D'après Plehn)

puis plus rapidement, soit sur toute la surface du corps, soit plus souvent sur la partie postérieure seule. C'est à ce hérissement qu'est dû le nom de la maladie [2]. Le Poisson change d'aspect et paraît comme gonflé ou soufflé, les écailles ne forment plus, comme normalement, un revêtement uni et imbriqué. Leur érection est due à l'accumulation, dans les poches où elles sont logées, d'une humeur claire comme l'eau ; en pressant avec la main, on l'expulse sous forme d'un petit jet.

---

(1) La lépidorthose doit sévir aussi en France, au moins dans la région de l'Est. Dans le courant des étés 1903 et 1904, des Poissons, en observation au laboratoire de pisciculture de l'École forestière de Nancy, sont morts en présentant les symptômes de cette maladie.

(2) Lépidorthose vient de λεπίς (écaille) et ὀρθός (droit, dressé).

Outre qu'elles se redressent progressivement, les écailles tombent par places, et des ecchymoses et épanchements sanguins se produisent dans la peau sur les parties hérissées; on en remarque aussi fréquemment sur les nageoires, particulièrement à leur base.

La marche de la maladie est d'ordinaire assez lente, il peut se passer trois ou quatre semaines avant que les écailles ne soient redressées sur une notable surface.

Dans les débuts, le Poisson ne paraît pas souffrir, mais au bout de quelque temps sa respiration s'accélère et ses mouvements perdent de leur vivacité; il devient ensuite de plus en plus inerte, sa partie caudale paraissant souvent complètement paralysée. L'Animal finit par

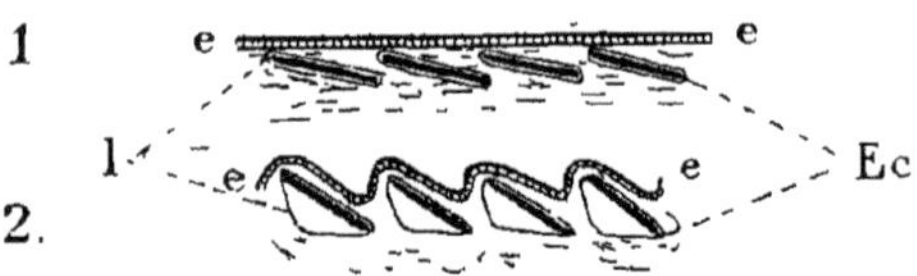

Fig. 2. — Position des écailles : — 1, chez un Poisson sain; — 2, chez un Poisson lépidorthosé (D'après PLEHN)

e, epiderme; Ec, écailles, l, logement de l'écaille.

se tenir sur le dos, battant précipitamment des ouïes, et, après être resté généralement plusieurs jours dans cet état, meurt sans convulsions ni autres signes de souffrance.

A l'autopsie, on trouve la plupart du temps les vaisseaux fortement injectés de sang sur certains points. Très souvent, le péritoine est rouge dans le voisinage de l'anus et au-dessus de la vessie natatoire, le foie et le rein présentent des hyperémies et la cavité viscérale est remplie d'un liquide sanguinolent.

La cause de la lépidorthose a été découverte, en 1901, par la Doctoresse Marianne PLEHN [1], à la Station royale bavaroise de recherches ichtyobiologiques.

La maladie est due à un Bacille qu'on trouve toujours chez les

[1] « Die Schuppensträubung der Weissfische, verursacht durch das Krebspestbakterium » (*Allgemeine Fischerei-Zeitung*, Munich, 1902, n° 3, pp. 40-44).

sujets atteints, en premier lieu dans les ecchymoses [1], puis par tout le corps. En injectant à des Poissons sains des cultures de ce Bacille, on constate qu'il se répand dans l'organisme et est pathogène [2]; souvent des taches hémorragiques, où il abonde, se produisent dans les viscères à la suite d'une embolie des capillaires. Les Animaux en expérience peuvent succomber sans présenter le symptôme du hérissement, qui ne paraît survenir que dans le cas d'une infection générale à marche lente [3]. On ignore d'ailleurs la relation entre cette dernière et l'accumulation d'humeur au-dessous des écailles, provoquant leur érection.

Chose curieuse, le Bacille de la lépidorthose présente toutes les propriétés morphologiques et physiologiques du *Bacillus pestis Astaci,* découvert en 1898 par le Professeur HOFER, et cause de la maladie des Écrevisses, dont les ravages se sont exercés depuis une vingtaine d'années dans presque toute l'Europe [4].

Les éléments sont de petits bâtonnets, arrondis aux extrémités,

---

[1] Dans les ecchymoses, le Bacille de la lépidorthose se trouve mêlé a beaucoup d'autres. Pour obtenir des cultures pures, il faut effectuer des prélèvements dans le sang du cœur, le rein, le foie et la rate

[2] PLEHN a constaté que le Bacille de la lépidorthose était pathogène pour certaines espèces chez lesquelles on ne le rencontre pas dans la nature. La Perche, la Tanche, l'Omble de ruisseau, succombent généralement a de fortes injections. Jamais, même dans le cas ou le Microbe se répand dans tout l'organisme, on n'observe de hérissement des écailles Ceci tient sans doute à ce que la constitution de la peau n'est pas la même que chez les Poissons blancs.

On sait, d'autre part, par les recherches du Professeur HOFER, que le *B pestis Astaci* (identique, comme on le verra, a celui de la lépidorthose) amène la mort plus ou moins rapide des Souris, Lapins et Cobayes auxquels on l'inocule

[3] On détermine d'ordinaire une infection générale accompagnée d'un redressement des écailles en pratiquant des injections a faible dose (0^{cc}2 sur des sujets maintenus dans une eau a 10° centigrades). Quand on opère a fortes doses, ou à une température de 16°, les Poissons meurent rapidement avant d'avoir présenté le symptôme typique de la lépidorthose.

[4] *Allgemeine Fischerei-Zeitung*. Munich, années 1898, n° 17; 1899, n° 19; 1900, n° 23.

Mémoires et comptes rendus des séances du Congrès international d'aquiculture et de pêche tenu à Paris en 1900, pp. 39-50. Paris, Augustin Challamel, 1901.

Le *B. pestis Astaci* a été aussi etudié par le Docteur A. WEBER, « Zur Ætiologie der Krebspest » (*Arbeiten aus dem Kaiserlichen Gesundheitsamte,* t. XV, pp. 222 et suivantes. Berlin, J. Springer, 1899).

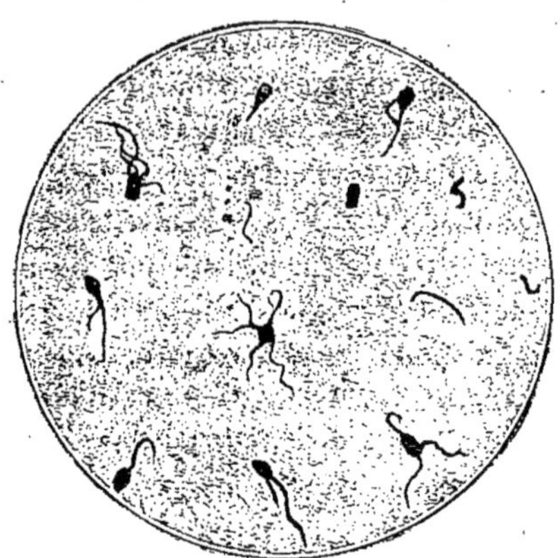

Fig. 3. — *Bacillus pestis Astaci*. Grossissement : 1 000.
(*D'après* WEBER)

Seize heures.

Vingt-quatre heures (Bacilles tués au formol).

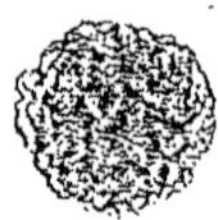

Vingt-quatre heures (Basse température, gélatine concentrée).

Trente heures. Colonie dans l'épaisseur de la gélatine (Bacilles vivants très mobiles).

Trente heures. Colonie superficielle (Bacilles tués au formol).

Fig. 4. — *Bacillus pestis Astaci*. Colonies sur plaque de gélatine. Grossissement : 130.
(*D'après* WEBER)

munis de un à six cils, se mouvant avec vivacité et mesurant 1 à 1,5 μ en longueur sur 0,25 μ en largeur. Ils prennent bien les couleurs d'aniline et se décolorent par la méthode de Gram.

Sur plaques de gélatine, dans les conditions thermiques ordinaires, les colonies apparaissent dans la profondeur de la gelée, après seize heures, comme de petits disques ronds, de couleur jaunâtre, à bord ondulé et à surface rugueuse. A température plus basse, le contour est découpé en rosace. Au bout de dix-huit à vingt heures, la liquéfaction commence, le contour devient régulier et on observe chez les Bactéries une violente agitation. Une auréole se développe alors autour de la colonie, et bientôt il se creuse dans la plaque un petit cratère à contenu trouble.

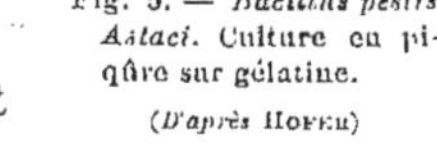

Fig. 5. — *Bacillus pestis Astaci*. Culture en piqûre sur gélatine.
(D'après Hofer)

Dans les cultures en piqûre, la gélatine fond plus rapidement à la surface, de telle sorte qu'il se forme une cupule s'effilant en pointe vers le bas et remplie d'un liquide opalescent où se déposent en quantité des colonies blanchâtres et brillantes de Bactéries.

Sur la gélose se produit un revêtement muqueux, légèrement irisé.

Le développement sur pomme de terre est lent, les colonies sont clairsemées et de couleur jaune brunâtre.

Le bouillon se trouble, avec dégagement abondant d'acide sulfhydrique.

Le lait est coagulé au bout de quatre jours à la température de 22° centigrades.

Le Bacille est anaérobie facultatif.

Il est très peu sensible aux variations thermiques ; il résiste à l'action, prolongée pendant quatre heures et répétée à plusieurs reprises, d'un froid de — 40°. Les cultures meurent quand elles sont maintenues pendant une demi-heure à une température de 60°, mais la toxine peut être chauffée jusqu'à 100° sans perdre de sa virulence.

Des expériences d'infection ont montré que le Microbe de la lépidorthose n'a pas seulement les mêmes propriétés que celui de la peste des Écrevisses, mais lui est identique (1). Les cultures pures de Bacilles provenant de Poissons, injectées à des Écrevisses, déterminent la mort de ces dernières avec les symptômes caractéristiques de la peste (convulsions clownesques) [2].

Le *Bacillus pestis Astaci* paraît toujours s'introduire dans l'organisme par des lésions de la peau (3). On remarque en effet que le hérissement prend naissance d'ordinaire autour de points où manquent des écailles. De plus, il n'a jamais été possible de contaminer des Poissons placés dans une eau riche en Bacilles de la lépidorthose, quand le revêtement de leur corps est absolument intact. Vient-on au contraire, dans ces conditions, à entamer la peau, on provoque facilement l'infection.

Il n'existe pas de remèdes contre la maladie ; tout au plus obtient-on quelques cas de guérison en transportant les sujets atteints dans une eau pure et courante. Il est par contre possible de la prévenir en mettant les Poissons à l'abri des causes de blessures et en veillant à la propreté des viviers et étangs, où l'accumulation d'impuretés favorise le développement des Bactéries.

En cas d'épidémie, il faut séparer des autres les animaux malades et désinfecter au lait de chaux les réservoirs ou pièces d'eau où s'est déclarée la lépidorthose.

6 — Le Rouget de la Carpe

Au commencement du mois de décembre 1891, une Carpe (*Cyprinus carpio* L.), du poids de 4 kilogrammes, qui venait de périr dans

(1) Il en résulte comme conséquence que, dans les cours d'eau où des Poissons blancs sont atteints de lépidorthose, les tentatives de repeuplement en Ecrevisses sont exposées a un échec.

(2) La seule difference entre les Bacilles provenant de Poissons et d'Écrevisses est que les premiers presentent un degré de virulence moindre, qui augmente d'ailleurs après passage successif sur plusieurs Écrevisses.

(3) Il n'en est pas de même chez l'Ecrevisse, l'infection se fait géneralement par les voies digestives, et rarement par les branchies.

Pour tous les details concernant la peste des Ecrevisses, voir : « Les Repeuplements en Ecrevisses », pp. 21-39. Paris et Nancy, Berger-Levrault, 1906.

un vivier, fut apportée à l'Institut d'hygiène de l'Université de Prague, où les Docteurs Friedrich FISCHEL, médecin-chef, et Carl ENOCH, son adjoint, l'examinèrent en vue de déterminer la nature de la maladie ayant occasionné la mort [1]

Cette affection, sans caractère épidémique, puisqu'il n'en fut observé qu'un cas isolé, a reçu le nom de « rouget [2] ». L'Animal qui en fut victime présentait en effet de nombreux épanchements sanguins superficiels ; il s'en trouvait notamment sur les opercules, les nageoires dorsale et caudale, et autour de l'anus, qui atteignaient les dimensions d'une pièce d'un franc ; sur le reste du corps, ils étaient plus petits. Rien d'analogue ne s'observait dans les organes internes, et en particulier dans la musculature.

Le sang était bien liquide, mais des recherches bactériologiques permirent d'y reconnaître la présence d'un Bacille, sécrétant une toxine très virulente pour le Poisson [3]. Si on injecte sous la peau de Carassins dorés $0^{cc}250$ à $0^{cc}500$ de bouillon de culture, on voit au bout de six à douze heures apparaître, sur le dos, les ouies et les nageoires, de nombreuses ecchymoses, et les Animaux périssent [4]. Le Microbe inoculé se retrouve dans leur sang ; il constitue donc bien l'agent infectieux et a reçu en conséquence le nom de *Bacillus piscicidus*.

Long de 1,2 à 3 μ, large de 0,25 μ, il est immobile et se présente soit isolé, soit uni à d'autres en chaînettes de quatre à cinq éléments ; dans les cultures âgées, on observe la formation de spores endogènes, ovoïdes, réfringentes.

---

[1] « Ein Beitrag zu der Lehre von den Fischgiften » (*Fortschritte der Medicin*, t. X, pp. 277-290 Berlin, H. Kornfeld, 1892).

[2] Ce nom est celui sous lequel la maladie se trouve désignée dans le traité du Docteur WEIGELT : « L'Assainissement et le Repeuplement des rivières ». (Traduction JULIN, p. 202. Bruxelles, Hayez, 1903.) Mais l'epithète d' « epidémique » qui lui est accolée dans cet ouvrage est inexacte.

[3] Cette toxine, une albumose, a une action paralysante sur les centres respiratoires et circulatoires.

[4] Les expériences faites par les Docteurs FISCHEL et ENOCH sur des Animaux à sang chaud ont montré que les Souris et les Cobayes succombaient en cinq à seize heures à l'inoculation de 1 à 2 centimètres cubes de culture. Des Chiens ont aussi pu être infectés par les voies digestives. Par contre, les Pigeons se sont montrés réfractaires.

C'est par la solution de Lœffler, au bleu de méthylène, qu'on obtient la meilleure coloration, qui persiste après traitement par la méthode de Gram; les couleurs usuelles d'aniline donnent de moins bons résultats (1).

Les colonies se montrent, sur plaques de gélatine, au bout de deux à trois jours; elles sont plus ou moins nombreuses, rondes, à contour légèrement dentelé, à surface finement granuleuse, et d'une teinte brun jaunâtre pâle; leur diamètre peut aller jusqu'à 0mm50 Elles s'entourent bientôt d'un halo transparent qui va s'accroissant, si bien qu'après une semaine et demie toute la gelée se trouve fluidifiée.

En piqûre, la croissance est presque nulle dans le canal d'inoculation et très prospère au contraire à la surface; vers la trente-sixième heure commence la liquéfaction, qui progresse ensuite régulièrement et est complète en une dizaine de jours.

Dans les cultures en strie sur gélose, le revêtement est gris pâle; d'abord délicat, granuleux, il s'étend rapidement et devient opalescent.

La pomme de terre se recouvre d'une couche gris blanchâtre, un peu visqueuse, dont l'accroissement se poursuit pendant quatre jours.

Le bouillon se trouble fortement; après trente-six heures, un voile mince, adhérent aux parois du vase, s'étend à la surface, puis bientôt se désagrège et tombe à fond. Le quatrième jour, le liquide devient limpide à la suite de la sédimentation d'un précipité floconneux.

Dans le lait, les couches supérieures s'éclaircissent au bout de quarante-huit heures, puis les suivantes, si bien qu'en trois semaines toute la masse devient translucide.

Le *B. piscicidus* peut à la rigueur se développer à l'abri de l'air, mais ne prospère que dans une atmosphère riche en oxygène.

C'est aux températures voisines de 37° centigrades que sa croissance s'effectue le mieux; elle est faible ou nulle à celles de 10°-15°. La chaleur de l'eau bouillante fait périr les Microbes, rend la toxine

(1) Pour la coloration des spores, employer successivement la fuchsine phéniquée (rouge de Ziehl) et le bleu de méthylène sulfate.

inoffensive, mais ne détruit pas les spores. Aussi l'injection sous-cutanée de 0cc 125 à 0cc 250 de culture préalablement maintenue deux minutes à 100° provoque-t-elle la mort de Carassins dorés en vingt-quatre à vingt-huit heures, après apparition des ecchymoses caractéristiques (1).

Les Docteurs FISCHEL et ENOCH pensent que l'infection des Poissons est la conséquence de l'entrée des spores dans leur organisme par des lésions accidentelles du revêtement du corps (2). Quant à la présence du germe pathogène dans l'eau, elle paraissait, pour le cas qu'ils ont eu à examiner, en relation avec la pollution de cette eau par les résidus d'une savonnerie. A vrai dire, la fabrique était assez éloignée du vivier où fut trouvée la Carpe étudiée. Dans ces conditions, il n'était guère admissible qu'il y eût, comme on l'avait tout d'abord pensé, une action toxique directe exercée par les substances évacuées, mais leur déversement a très bien pu donner naissance à un foyer infectieux, où le *B piscicidus* trouvait des conditions favorables, et de là les Microbes et surtout les spores étaient entraînés par le courant.

L'affection observée à Prague est la première dont la nature bactérienne ait été établie. Les recherches dont elle a été l'objet présentent encore un autre intérêt. On a reconnu que la Carpe morte du rouget était impropre à la consommation. Sa chair ayant servi à faire un bouillon, d'aspect d'ailleurs normal, des morceaux de pain y furent trempés qu'on distribua ensuite à des Chiens. Tous furent pris de fortes diarrhées et l'un d'eux mourut. On voit qu'en dépit de la cuisson, à laquelle peuvent résister les spores, l'usage dans l'alimentation de Poissons victimes de maladies infectieuses expose à des accidents. Il sera donc prudent de s'abstenir, sauf quand on sera absolument sûr que l'espèce pathogène n'a aucune action nuisible sur les Animaux à sang chaud.

---

(1) Ces ecchymoses sont toutefois moins abondantes que dans le cas d'injections faites avec des cultures non préalablement chauffées.

(2) Peut-être, cependant, l'infection a-t-elle lieu par les voies digestives. La chose est possible pour les Mammifères, c'est ainsi que des Souris, nourries avec du pain humecté d'une solution de toxine, périssent en trente-six heures quand la dose ingérée de cette toxine est de 0gr 4.

7 — La maladie de Babes et Riegler

A la fin du mois de mai 1902, le Docteur BLASIANU, médecin de district à Ilfov (Roumanie), signalait à l'Institut de pathologie et bactériologie de Bucharest que les Poissons périssaient en grand nombre dans les trois petits lacs d'Herestreu, Floreasca et Teiul Domnei. La maladie, qui s'y déclara successivement et exerça ses ravages pendant trois semaines environ, fut alors étudiée par les Professeurs V. BABES et P. RIEGLER, titulaires des chaires d'anatomie et microbiologie, le premier à la Faculté de médecine de l'Université de Bucharest, le second à l'École supérieure vétérinaire de la même ville [1].

Plusieurs espèces payèrent ici leur tribut à la mortalité : la Carpe (*Cyprinus carpio* L.), le Carassin (*Carassius vulgaris* Nils.), la Tanche [2] [*Tinca vulgaris* C. & V.], le Gardon (*Leuciscus rutilus* L.), la Perche (*Perca fluviatilis* L.), le Brochet (*Esox lucius* L.), furent éprouvés à la fois [3].

Les Poissons atteints, remarquables par leur pâleur, présentaient çà et là des ecchymoses et se recouvraient bientôt de la mousse grisâtre due aux filaments mycéliens des Saprolégniacées. Ils devenaient faibles, nageaient avec difficulté, montaient à la surface pour aspirer de l'air ; le mouvement respiratoire s'accélérait. Finalement, les Animaux coulaient à fond, pour remonter après avoir subi un commencement de décomposition ; les cadavres flottants s'assemblaient alors en divers endroits sous l'action du vent et des courants.

Il n'a pas été signalé de désordres internes, mais seulement la teinte pâle des branchies, sur lesquelles s'observaient, en outre, des taches blanchâtres confluentes.

L'affection ne se communique pas directement des individus mala-

[1] « Ueber eine Fischepidemie bei Bukarest (Arbeiten aus dem pathologisch-bakteriologischen Institute zu Bukarest, avec planche) » [*Centralblatt fur Bakteriologie, Parasitenkunde und Infektionskrankheiten*, 1re partie, t. XXXIII, pp. 438-449. Iéna, Gustav Fischer, 1903].

[2] Le texte allemand porte : « Schleie (*Perca fluviatilis*) » ; nous avons pensé qu'il y avait eu disparition d'une partie du texte et qu'on devait lire : « Schleie (*Tinca vulgaris*), Barsch (*Perca fluviatilis*). »

[3] Les Grenouilles périrent aussi en grand nombre.

des à d'autres bien portants, placés dans le même vivier, mais les seconds périssent en un ou deux jours quand on leur inocule 0cc3 à 0cc5 du sang des premiers. Il était donc probable qu'on avait affaire à un Microbe, et de fait les recherches bactériologiques en firent découvrir un, non connu jusque-là, dans l'intestin, les muscles, le foie, la rate, le rein et les vaisseaux des Poissons des trois lacs dépeuplés ; il ne se rencontrait pas chez ceux d'autre provenance (1).

Ce Bacille se révéla nettement pathogène. Dans une eau infectée, les Carpes, Carassins, Tanches pâlissent, et meurent ensuite dans l'espace d'une journée. Les Animaux sur lesquels on pratique des injections sous-cutanées, intramusculaires ou intravasculaires, ne fût-ce qu'à la dose de quelques gouttes, succombent en vingt-quatre à trente-six heures. La toxine produite par le Microbe, d'ailleurs peu abondant dans l'organisme des Poissons qu'il fait périr, est en effet extrêmement virulente. Des sujets d'expérience, introduits dans un aquarium de 5 litres de capacité, où ont été dilués 50 centimètres cubes d'un bouillon de culture débarrassé de tout germe par filtration, ne résistent guère plus d'un jour. L'inoculation de 2 centimètres cubes de ce bouillon stérilisé a les mêmes funestes conséquences : la mort s'ensuit au bout de trente-six à quarante-huit heures (2).

Le Bacille isolé par Babes et Riegler est très polymorphe. A l'état jeune, il se présente uniquement sous forme de courts bâtonnets, prenant bien les couleurs (3) et se décolorant sous l'action de la solution de Gram. Il en est de même des filaments ondulés, de grosseur irrégulière, qu'on trouve souvent dans les cultures âgées, mais dans ces dernières la plupart des éléments sont droits et déliés ou ovales et trapus ; ils se colorent difficilement et on y observe des corpuscules chromatiques ou métachromatiques. Par la méthode de Bunge, on

---

(1) Le Bacille trouvé par Babes et Riegler était le plus souvent accompagné par d'autres : *Proteus vulgaris*, Colibacille et espèces voisines, Microcoques divers.

(2) Le Microbe n'est pas pathogène que pour les Poissons, il l'est tout autant pour la Grenouille. La Souris succombe en quatre à six jours à l'injection de 0cc2 de bouillon de culture ; le Lapin en dix à quinze jours à celle de 2 centimètres cubes. Par contre, le Cobaye est rebelle à l'injection.

(3) Babes et Riegler ont employé, entre autres, la solution polychromatique de bleu de méthylène.

met en évidence des cils périphériques plus ou moins longs et nombreux.

Les colonies prospèrent fort bien sur gélatine; elles sont rondes, blanchâtres, un peu diaphanes et entourées d'un halo transparent (¹).

Les cultures en piqûre sont très caractéristiques. Il se produit une cupule de liquéfaction à la surface de laquelle s'étale ensuite une pellicule épaisse, continue, de teinte rosée; immédiatement au-dessous,

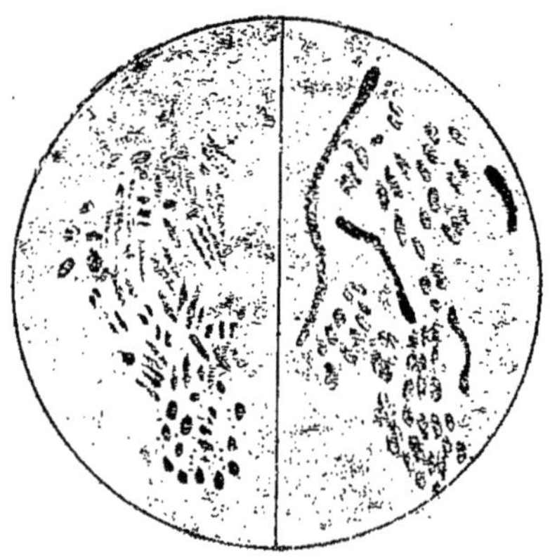

Fig. 6. — *Bacillus piscicidus versicolor* (Bab. et Riegl.). Grossissement : 1000. A gauche culture jeune, à droite culture âgée.

la gélatine fluidifiée prend une couleur jaune foncé, alors que le surplus devient rose pâle. Dans les parties inférieures du tube, la gelée conserve sa consistance durant des semaines entières et le canal d'inoculation se remplit d'une masse compacte, blanchâtre au début, puis offrant différentes nuances qui sont, en allant de haut en bas, le rose foncé, le gris verdâtre, le blanc et de nouveau, tout au fond, le rose foncé (²).

Sur gélose, les colonies ont une couleur jaunâtre, rappelant celle du miel, qui passe au brun après un mois.

Sur pomme de terre glycérinée, le revêtement est abondant, mu-

(¹) Les caractères indiqués se rapportent à une culture sur gélose-gélatine.

(²) Toutes ces colorations ne s'observent souvent pas quand les cultures sont maintenues à une température voisine de 37° centigrades.

queux. D'abord diaphane, il se fonce ensuite dans la région supérieure. On distingue enfin généralement toute une série de zones diversement colorées : la plus élevée est brune, les suivantes sont successivement brun verdâtre, rouge brun, rouge brique, rose violacé et jaunâtre.

Un trouble léger se manifeste dans le bouillon, une forte pellicule ridée s'étale à la surface, tandis qu'un dépôt brunâtre se sédimente sur le fond.

Le lait se coagule et se couvre d'un épais voile de crème devenant, au bout de plusieurs semaines, d'une teinte rouge clair.

Le Bacille de Babes et Riegler est anaérobie facultatif.

Les températures qui lui conviennent le mieux sont celles voisines de 20° centigrades, mais il se développe encore bien à 37°.

Le Microbe dont les principaux caractères viennent d'être indiqués se rapproche certainement beaucoup du *Bacillus* (ou *Proteus*) *vulgaris* (Hauser) Mais, dans quelques cas, ce dernier a été aussi rencontré dans les organes des victimes de l'épidémie d'Herestreu, et les cultures qui en ont été faites n'ont, entre autres différences, jamais présenté le polychromisme remarquable de celles dont il a été question plus haut. Diverses expériences ont de plus prouvé qu'il n'exerçait aucune action nuisible sur les Carassins et les Tanches [1]. Babes et Riegler ont, en conséquence, considéré le Microbe isolé par eux comme une espèce particulière et l'ont nommé *Bacillus* (*Proteus*) *piscicidus versicolor*, appellation rappelant ses propriétés distinctives [2].

L'infection des Poissons a probablement lieu par les branchies ; les

---

(1) Les inoculations ont eu lieu en injectant les mêmes faibles quantités de bouillon de culture qui amènent la mort dans le cas du Bacille de Babes et Riegler. A dose massive, le *B. vulgaris* peut en effet se montrer pathogène pour les Poissons, mais encore les accidents se produisent-ils beaucoup plus tard et dans de tout autres conditions.

(2) Babes et Riegler se sont trouvés en présence de la même situation que le Docteur Wyss, qui a montré que l'épidémie ayant sévi en 1897 sur les Gardons du lac de Zurich (xanthose) était due à un microorganisme très voisin du *B. vulgaris*, mais, à la différence du professeur suisse, ils ont fait de leur Bacille une espèce distincte et non une variété. Cette manière de voir les a naturellement amenés à critiquer celle de Wyss. Tout ce qui paraît certain c'est que les deux cas sont très analogues et comporteraient la même solution relativement à la spécificité du germe infectieux (*Vide infra*, p. 70).

manifestations qui se produisent pendant l'agonie : pâleur, mouvements précipités des ouïes, etc., sont en effet celles qui s'observent en cas d'asphyxie. Il est de plus prouvé que la maladie qui a sévi dans les lacs du district d'Ilfov était due à la présence du germe pathogène dans l'eau. Claire et relativement fraîche à une certaine distance des bords, elle était trouble dans le voisinage des rives, avait une température de 24°-28° centigrades et exhalait une odeur particulière de marécage. Là se trouvait une zone contaminée où périssaient les Poissons, là aussi pullulaient les Bactéries de toute espèce, et entre autres le *B. piscicidus versicolor*.

Cet état de choses tenait d'abord à la chaleur et à la sécheresse anormales qui régnèrent avant et durant l'épidémie. Mais les conséquences de ces conditions météorologiques défavorables furent considérablement aggravées par la stagnation de l'eau, due tant aux amas de vase qui en contrariaient l'écoulement qu'aux ouvrages de retenue d'usines hydrauliques, et aussi par sa pollution causée par le déversement des résidus d'une fabrique de glucose. Le liquide évacué était toujours très chaud et extrêmement riche en matières organiques sujettes à décomposition et putréfaction; dans ces transformations, il y a toujours absorption de l'oxygène dissous et dégagement d'acide carbonique et autres gaz nuisibles. Il n'en faut pas plus pour que le Poisson périsse en masse par asphyxie; toutefois, en ce qui concerne particulièrement la mortalité observée à Herestreu, il est prouvé qu'en outre il y a eu intoxication microbienne.

Babes et Riegler ont conseillé, pour éviter le retour de la maladie dans les lacs où ils l'ont étudiée, de procéder à des curages, de drainer les terrains proches du bord dans les parties marécageuses, de régler les vannes ou autres appareils de façon à ce que l'eau puisse s'écouler et se renouveler convenablement, enfin d'empêcher les industriels riverains de souiller cette eau en s'y débarrassant de leurs déchets de fabrication. Ces mesures peuvent trouver leur application dans les cas analogues, et si elles ne permettent pas d'éviter absolument les accidents auxquels est exposé le Poisson pendant les périodes de chaleur intense et prolongée, tout au moins sont-elles de nature à les rendre plus rares et moins graves.

8 — La Furonculose des Salmonides

Furunculosis salmonicida

La furonculose est une maladie de la Truite commune (*Truta fario* L.) et de l'Omble de ruisseau ou Saumon de fontaine (*Salvelinus fontinalis* Mitchill) [1], fréquemment observée dans les établissements de pisciculture d'Allemagne. Elle est très meurtrière, frappe les jeunes sujets comme les adultes, et sévit en toute saison, mais plus particulièrement à l'époque de la fraye, c'est-à-dire à la fin de l'automne.

Le premier symptôme est une forte inflammation de l'intestin et parfois du péritoine. Toute la partie moyenne et postérieure du tube digestif rougit et s'injecte de sang à un point tel, que le Poisson peut périr dès ce moment. La plupart des individus atteints résistent cependant durant cette phase préliminaire de la maladie, qui peut d'ailleurs manquer et n'est, en tout cas, nullement typique.

Ce qui caractérise la furonculose est en effet l'apparition, çà et là, dans les parties profondes ou superficielles des muscles, de foyers hémorragiques diffus dont la couleur tranche nettement sur la teinte pâle de la chair; on peut les observer en sectionnant le Poisson. Ces foyers d'inflammation plus ou moins nombreux ne tardent pas à s'étendre en décomposant les tissus avoisinants, et à gagner la peau qu'ils soulèvent peu à peu, formant les furoncles qui ont valu à la maladie sa dénomination. Leur grosseur varie de celle d'un pois à celle d'une noix ; leur contenu est une masse d'abord caséeuse, blanc jaunâtre, puis purulente et sanguinolente ; ils percent en donnant des ulcères de grandeur diverse, mais le plus souvent de la taille d'une pièce de 5 centimes. Quand l'origine de l'inflammation est profonde, il existe au-dessous de l'abcès une fistule traversant les chairs et d'où suinte une sanie rougeâtre, mais d'ordinaire le fond de l'ulcère ne présente que peu de pus, la plaie étant constamment lavée par l'eau quand le Poisson se déplace. Autour des furoncles non encore percés on observe des ecchymoses assez étendues, d'autres se

(1) Chose singulière, la Truite arc-en-ciel, souvent élevée en mélange avec des Truites communes et des Ombles de ruisseau, n'a pas été jusqu'ici atteinte de la furonculose.

produisent en des régions quelconques de la peau ou des ouies. Souvent, à ce moment, des taches grises apparaissent sur différents endroits du corps ; ce sont des points où l'épithélium est altéré, et sur lesquels s'installent bientôt les Saprolégniacées.

Les Animaux présentant des furoncles perdent, au bout de huit à quinze jours, toute leur vivacité ; ils s'éloignent des autres, se tiennent sur le bord des pièces d'eau et se laissent prendre facilement à la main. La plupart ne tardent pas à mourir ; il y a cependant des cas bénins où l'animal survit ; les furoncles laissent alors des cicatrices longtemps visibles.

La maladie est éminemment contagieuse ; elle se transmet, non seulement dans un même bassin d'élevage, des Poissons atteints à ceux encore indemnes, mais passe de ce bassin contaminé à tous autres en recevant l'eau pour leur alimentation.

La furonculose a été étudiée pour la première fois, en 1888-1890, par le Professeur R. EMMERICH et le Docteur E. WEIBEL (1). D'après les recherches effectuées par eux au laboratoire de bactériologie de l'Institut universitaire d'hygiène, à Munich, c'est une infection due à un Microbe qui a reçu le nom de *Bacillus salmonicida.*

On rencontre en effet, dans tous les organes des Animaux malades, et particulièrement dans le sang, le foie, le rein et les foyers ulcéreux des chairs, des Bacilles particuliers, qu'on ne trouve pas chez les Poissons sains. Diverses tentatives d'infection, au moyen de cultures soit injectées sous la peau ou dans les muscles, soit déversées dans des viviers, ont d'ailleurs prouvé de façon certaine que la furonculose était due à ces Bactéries ; on les retrouve dans l'organisme des sujets ayant succombé aux expériences (2).

Elles se présentent sous la forme de bâtonnets de la longueur de

(1) « Ueber eine durch Bacterien erzeugte Seuche unter den Forellen » (*Archiv für Hygiene,* t. XXI, pp. 1-21. Munich et Leipzig, R. Oldenbourg, 1894).

(2) Les injections sous-cutanées ou intramusculaires, à la dose maxima de 1 centimètre cube, amènent toujours la mort des Truites et même des Carpes et des Ombres sur lesquels on expérimente.

L'infection par l'eau paraît assez difficile : on l'a obtenue pour la Truite deux fois sur cinq ; l'Anguille et la Carpe restent indemnes.

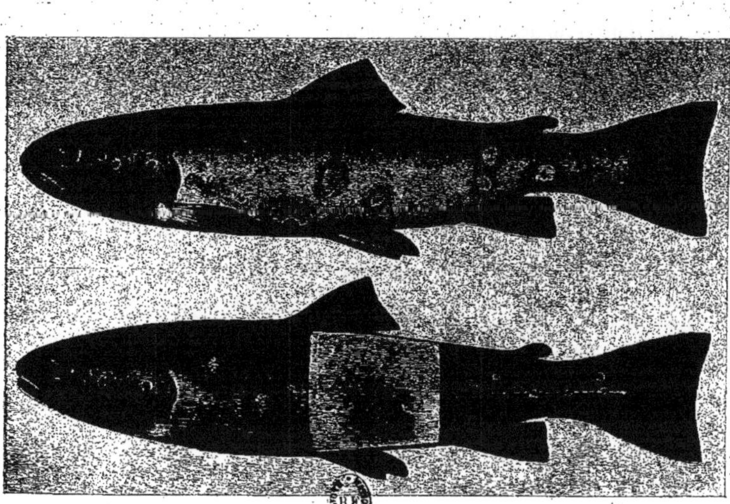

Furunculosis Salmonicida. Furonculose des Salmonides

ceux du Bacille typhique (2-3 μ), mais un peu plus fins, souvent doubles (diplobacilles); ils prennent bien les couleurs d'aniline et se décolorent par emploi de la solution de GRAM.

En cultivant ce Microbe sur plaques de gélatine, on voit apparaître, au bout de deux à trois jours, à la température ordinaire, de petits points blancs à bords vaguement, puis nettement découpés, de couleur gris clair tirant sur le jaune, et passant ensuite au brun. Les colonies, laissant au-dessus d'elles de petites bulles de gaz, s'enfoncent ensuite dans l'épaisseur de la gélatine; on peut sans difficulté les en séparer complètement.

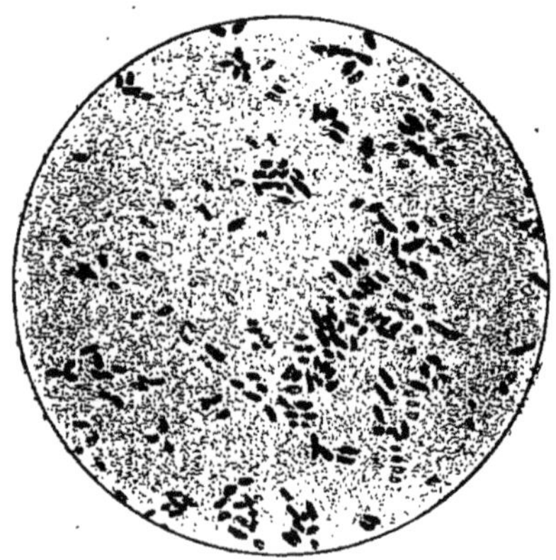

Fig. 7. — *Bacillus salmonicida*. Grossissement : 1 000.
(*D'après* EMMERICH et WEIBEL)

Le développement dans un tube ensemencé par piqûre est plus typique. Au début, comme dans les cultures de Streptocoque pyogène, la croissance est faible. Peu à peu cependant, le canal d'inoculation s'élargit légèrement, et au bout de cinq à sept jours il s'est creusé dans la gélatine un entonnoir étroit, au fond duquel on observe souvent un dépôt blanc de Bactéries dans une goutte de liquide trouble. Ses parois présentent, dans toutes les directions, des expansions irrégulières, formant de petits culs-de-sac, où se trouvent des bulles de gaz et de fines efflorescences blanchâtres dues aux colonies (fig. 8, p. 50).

Dans les cultures en strie sur gélose, à la température ordinaire, il se produit, le long du trait, une bande épaisse en forme de ruban. A la surface prend naissance un revêtement uni, brillant, humide, à contours irréguliers, de couleur blanc jaunâtre, brunissant au centre au bout de quelques semaines.

Le Bacille de la furonculose se développe mal sur pomme de terre, on y observe des formes d'involution.

Dans le bouillon, tout le liquide reste clair, mais à la surface, près de la paroi du vase, apparaît pourtant un léger trouble ; il se dissipe, par agitation, sous forme de flocons descendant très lentement sur le fond. Peu à peu il s'y sédimente un abondant dépôt blanchâtre.

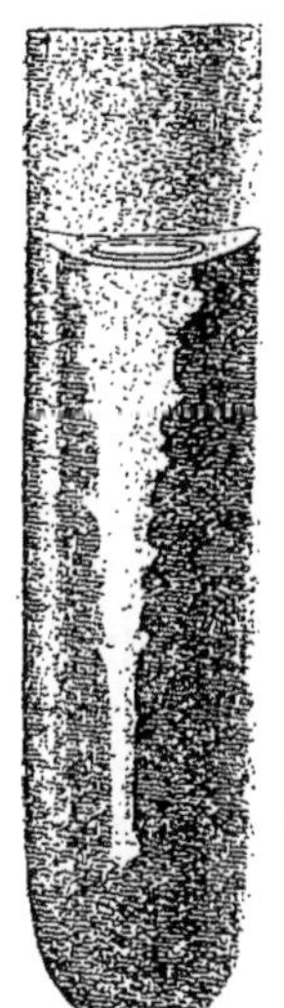

Fig. 8. — *Bacillus salmonicida*, culture en piqûre sur gélatine.

(d'après Emmerich et Weitel).

L'action sur le lait n'a pas été étudiée.

La présence ou l'absence d'oxygène est indifférente au *Bacillus salmonicida.*

La température optima pour son développement est comprise entre 10 et 15° centigrades. La limite inférieure est voisine de 0°. Aucune croissance n'a lieu dans les étuves ; enfin, les cultures meurent quand la chaleur s'élève à 60°.

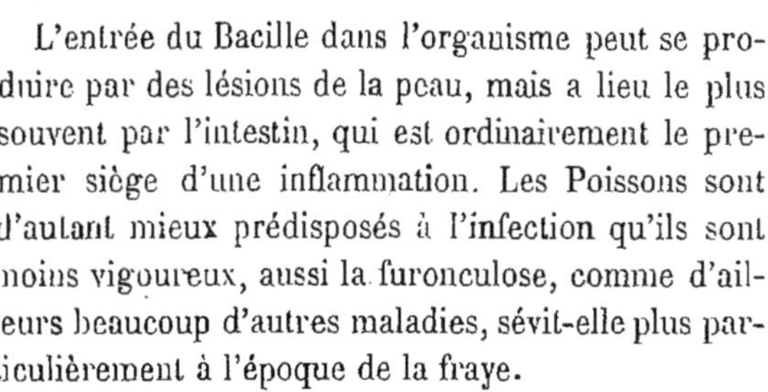

L'entrée du Bacille dans l'organisme peut se produire par des lésions de la peau, mais a lieu le plus souvent par l'intestin, qui est ordinairement le premier siège d'une inflammation. Les Poissons sont d'autant mieux prédisposés à l'infection qu'ils sont moins vigoureux, aussi la furonculose, comme d'ailleurs beaucoup d'autres maladies, sévit-elle plus particulièrement à l'époque de la fraye.

Quand une épidémie est bénigne et qu'on la reconnaît à temps, c'est-à-dire avant la formation de tumeurs importantes, on peut tenter d'y porter remède en transportant les sujets atteints dans une eau fraîche à courant rapide. Ils sont mis ainsi à l'abri de nouvelles causes d'infection et on peut en sauver au moins une partie.

La plupart du temps, il ne faut songer qu'à empêcher la maladie de s'étendre, en enlevant les Poissons malades et en les stérilisant soigneusement par cuisson.

Il faut, en tout cas, désinfecter complètement les bassins où a sévi la furonculose. Le procédé le plus convenable consiste à les remplir complètement et à y répandre de la chaux vive en quantité telle, que toute l'eau prenne une couleur laiteuse. L'action caustique de l'hydrate de chaux formé, qu'on laisse se prolonger quinze jours environ, fait périr toutes les Bactéries. On peut aussi procéder à une mise à sec, surtout en hiver, par temps de gelée, mais ce moyen n'est pas aussi sûrement efficace.

S'il est difficile de combattre la furonculose, tout au moins peut-on la prévenir.

Les observations du Professeur HOFER [1] ont montré que cette maladie peut se produire partout où des processus de décomposition ont lieu sur le sol ou dans l'eau des bassins d'élevage. C'est le cas de ceux établis sur des terrains marécageux ou alimentés par des sources en provenant, de ceux en communication avec des fosses à purin, de ceux surtout où les Poissons sont nourris artificiellement et où les restes d'aliments pourrissent sur le fond en quantité plus ou moins grande.

Il convient donc de n'établir de pièces d'eau pour Salmonides que sur les fonds de gravier ou de sable, et, si on n'a à sa disposition que des terrains bourbeux, il est indispensable de les assécher et assainir par des drainages. Il faut se garder d'y faire écouler, comme cela se pratique avec avantage dans les étangs à Carpes, des eaux riches en matières organiques décomposables qui fournissent bien au Poisson de la nourriture naturelle, mais contiennent un grand nombre de germes pathogènes. La plus grande propreté doit enfin régner dans les bassins d'élevage ; il faut n'y jeter que des aliments sains, non altérés, en quantité suffisante mais modérée, et faire disparaître avec soin tous les restes en voie de corruption. Pour cela, il convient de procéder à de fréquents nettoyages, — toutes les six semaines par exemple — et de distribuer la nourriture dans le voisinage de la bonde, ce qui permet d'évacuer facilement les déchets.

---

[1] *Allgemeine Fischerei-Zeitung,* Munich ; années — 1898, n° 2 ; — 1901, n° 13 ; — 1902, n° 4.

Une dernière mesure de prudence consistera à n'introduire, dans des pièces d'eau déjà peuplées, des sujets nouveaux achetés au commerce qu'après s'être assuré qu'ils ne sont pas infectés Il sera prudent de les tenir quelque temps en observation dans des viviers séparés, où on pourra constater s'ils ne présentent pas les symptômes de la furonculose [1] ou éventuellement d'autres maladies.

9 — La Peste du Saumon

Pestis Salmonis

Depuis une trentaine d'années, le Saumon commun (*Salmo salar* L.) a été décimé à plusieurs reprises, dans de nombreux cours d'eau de la Grande-Bretagne, par une épidémie très meurtrière. Sa première manifestation fut observée, en 1877 [2], dans deux petits tributaires du golfe de Solway ; de là elle gagna rapidement du terrain, si bien qu'en 1882 elle avait envahi l'Écosse, le Cumberland, le Lancashire et le nord du pays de Galles. C'est à cette époque que la contagion exerça ses plus grands ravages ; la mortalité était telle, que dans l'Esk, rivière cependant de minime importance, elle faisait en trois jours trois cent cinquante victimes. On conçoit que l'opinion et les pouvoirs publics se soient émus de semblables pertes économiques et que l'étude de cette maladie ou peste du Saumon ait été et soit encore d'actualité en Angleterre.

Le premier symptôme de l'affection est l'apparition de petites taches sur la peau du Poisson, particulièrement dans les parties non revêtues d'écailles, telles que la tête, la nageoire adipeuse et la base des autres nageoires. Ce sont des macules d'un gris cendré, généralement à peu près circulaires, nettement délimitées, et de la taille d'une pièce de

---

[1] L'épidémie observée par EMMERICH et WEIBEL se déclara à la suite du déversement, dans les bassins d'un établissement de pisciculture, de 150 Truites pêchées soi-disant dans un ruisseau. En réalité, ces sujets avaient séjourné d'abord dans une eau impure, puis dans des viviers étroits. Ils furent mêlés à d'autres et, au bout de trois mois, quatre cent quarante et un reproducteurs étaient morts de la furonculose.

[2] La maladie avait été cependant observée auparavant, et dès 1852, mais à l'état sporadique ; il n'y avait pas eu d'épidémie.

50 centimes, qui présentent en leur milieu une légère intumescence et une teinte plus pâle. Elles s'étendent rapidement et la région centrale prend un aspect duveteux; l'épiderme disparaît sous cette croûte et, quand on la soulève, le derme est mis à nu. Ce dernier ne tarde pas à être attaqué à son tour et il se forme alors une plaie vive.

Les taches, en grandissant, arrivent à se rencontrer et se réunissent en plaques, le dos et les flancs de l'animal malade finissent par être recouverts soit sur des surfaces plus ou moins étendues, soit même d'une façon totale, d'un revêtement feutré. Çà et là apparaissent des ulcères rongeant notamment le sommet de la tête, le museau, les opercules, et gagnant quelquefois les yeux ou l'intérieur de la bouche.

Fig. 9. — Saumon atteint de la peste.
(D'après PATTERSON)

Des déchirures plus ou moins accentuées se produisent enfin sur les nageoires, par suite de la disparition de la peau recouvrant les rayons, eux-mêmes partiellement nécrosés.

Il ne faut guère que trois ou quatre jours pour qu'un Saumon de belles dimensions se trouve réduit à cet état, tant sont rapides les progrès du mal.

L'affection paraît être uniquement cutanée; si grave soit-elle, la chair des individus atteints ne présente comme consistance, couleur ou saveur, aucune différence avec celle des sujets sains. Les viscères, l'appareil circulatoire, ne présentent d'autre part rien d'anormal.

Les Poissons malades donnent au début des signes d'un malaise évident, ils éprouvent de violentes démangeaisons qui les font souvent se précipiter, pour s'y frotter, sur les pierres et autres corps immergés. Leur vigueur diminue ensuite, ils deviennent inertes et finalement périssent après s'être, le plus souvent, retirés pour mourir dans les eaux peu profondes.

Les premières recherches notables sur la peste du Saumon sont dues au célèbre HUXLEY, qui, en sa qualité d'Inspecteur royal des pêches, fut amené à l'étudier en 1881-1882 (1). Partant de ce fait que le feutrage qui recouvre par plaques la peau des animaux atteints est de nature végétale et constitué par les filaments mycéliens d'un Oomycète, il attribua la maladie à ce Champignon, qu'il détermina comme étant le *Saprolegnia ferax* (2) [de Bary]. Cette espèce, qui n'est d'ailleurs pas particulière au Saumon, et quelques autres de la même famille, étaient connues pour causer chez les Poissons la maladie dite de la mousse; la peste n'en était par conséquent qu'une manifestation particulièrement meurtrière et contagieuse.

Cette opinion fut confirmée par les expériences effectuées, trois ans après, par G. MURRAY (3), qui parvint, en partant de prélèvements faits sur des individus morts, à provoquer l'installation du parasite sur des sujets vivants.

Des recherches toutes récentes, poursuivies en 1901-1902 par J. HUME PATTERSON (4), attaché au laboratoire municipal de bactériologie de Glasgow, sont venues cependant montrer que, contrairement aux apparences, la maladie du Saumon n'est pas due à un organisme végétal, mais est d'origine microbienne.

En voyant la rapidité extraordinaire avec laquelle le *Saprolegnia*

---

(1) « On Saprolegnia in relation to the Salmon Disease » (*Quarterly Journal of microscopical science*, t. XXII, pp. 311-333 Londres J et S. Churchill, 1882).

(2) D'après RABENHORST, les caractères distinctifs du *Saprolegnia ferax* sont les suivants : — œufs formés par hétérogamie, sans anthérozoïdes (famille des Saprolégniacées) ; — filaments mycéliens de diamètre uniforme, sans étranglements (sous-famille des Saprolegniées) ; — zoospores d'un même sporange sortant tous par la même ouverture, ciliés et mobiles au moment de leur émission, se disséminant aussitôt ; sporanges longs, en massue, contenant plusieurs rangs de spores, se reformant sur place (genre *Saprolegnia*) ; — oogones ronds, à paroi lisse, demeurant unis à l'hyphe après la maturité des oospores, qui sont multiples.

(3) « Inoculation of Fishes with *Saprolegnia ferax* » (*Journal of Botany*, 1885, p. 302).

(4) « The cause of Salmon Disease : a bacteriological investigation. » Glasgow, J. Hedderwick, 1903.

se développe sur les matières animales mortes, PATTERSON fut amené à douter que sa croissance fût possible dans d'autres conditions. Si le Champignon apparaissait sur des animaux aquatiques vivants, ce devait être, pensait-il, en saprophyte s'installant sur des régions préalablement nécrosées du revêtement cutané.

Cette hypothèse le conduisit à un examen bactériologique des Saumons pestiférés et amena la découverte d'un Bacille particulier, qu'on ne rencontre pas chez les individus morts normalement. Toujours abondant dans les parties malades de la peau, il ne se trouve pas dans celles restées saines, ni dans les muscles ou les viscères (1).

Il fut procédé à des tentatives d'infection sur des Poissons bien portants, inoculés sur la tête et les flancs; ceux-ci devinrent rapidement inertes et moururent au bout de deux à sept jours.

Le Bacille trouvé par PATTERSON est donc pathogène (2), mais le *Saprolegnia* ne l'est-il pas aussi? Pour résoudre cette question, il fallut en obtenir des cultures pures, chose délicate à cause des Bactéries pullulant d'ordinaire sur les filaments mycéliens. Ces cultures furent mêlées à l'eau d'un bocal contenant des Poissons dont la peau avait été écorchée par places; on constata qu'ils restaient indemnes. Mais tout changeait si on ajoutait le Bacille : les blessures, au lieu de se cicatriser, étaient bientôt envahies par la mousse, et les sujets en expérience ne tardaient pas à périr. La preuve était faite que le *Saprolegnia* ne peut se développer sur les tissus vivants et actifs (3), et ne s'installe que sur ceux détruits par l'infection bacté-

(1) PATTERSON le signale cependant comme abondant dans l'estomac, mais il n'en attaque pas les parois.

(2) Le Bacille ne paraît pathogène que pour les Poissons et spécialement pour les Salmonides; il ne l'est pas pour les Grenouilles, les Souris et les Cobayes.

(3) Nous pouvons citer encore, a l'appui de cette affirmation, un fait facile a constater dans les laboratoires de pisciculture. Quand un œuf en incubation vient à périr, il est rapidement recouvert d'un abondant duvet de Saprolegniacées. Celui-ci peut s'étendre sur les œufs voisins et les entourer même complètement. Il est facile de s'assurer, qu'au début au moins, il y a recouvrement sans adhérence; on peut extraire de la masse du « byssus » (pour employer le terme usuel) des œufs parfaitement nets et sains. Cette inclusion finit d'ailleurs, si on n'intervient pas, par provoquer l'asphyxie de l'embryon; alors, mais alors seulement, se produit la pénétration des filaments mycéliens.

rienne. On peut d'ailleurs s'assurer, sur des coupes faites à travers la peau des régions malades, que le Champignon s'observe uniquement sur les parties superficielles nécrosées et est toujours précédé par le Microbe, dont il suit les progrès.

PATTERSON a donc pu donner à juste titre, à l'organisme nouveau découvert par lui, le nom de *Bacillus Salmonis pestis;* il est en effet la cause réelle, longtemps méconnue, de l'épidémie qui dépeuple les rivières d'Angleterre et d'Écosse.

C'est un bâtonnet de taille variable, court, épais, arrondi aux extrémités, très mobile, se présentant isolé ou en diplobacilles, ne formant pas de spores. Il se colore par les méthodes usuelles et ne prend pas le Gram.

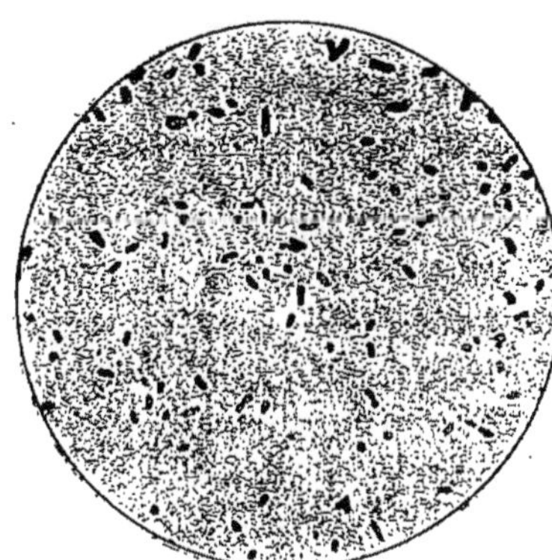

Fig. 10. — *Bacillus Salmonis pestis.* Grossissement : 1 000. (*D'après* PATTERSON)

Sur gélatine en plaques, à la température ordinaire, les colonies, grisâtres et de la grosseur d'une pointe d'aiguille, se montrent au bout de trois jours environ ; elles sont entourées d'un halo transparent dû à la liquéfaction, qui progresse avec une rapidité très grande et caractéristique. Il suffit de trente-six heures pour qu'elle soit complète sur toute la surface.

Le développement, dans les cultures en piqûre, commence au bout de dix-huit heures le long du canal d'inoculation, et se poursuit avec vigueur ; la gélatine est encore promptement liquéfiée.

Une bordure de couleur crème, brillante, humide, à contours irréguliers, apparaît le long des stries tracées sur gélose et s'étend graduellement en recouvrant le substratum nourricier.

Sur pomme de terre, on observe un revêtement abondant, de couleur jaune brunâtre, à surface ampoulée luisante.

Le bouillon devient complètement trouble au bout de dix-huit heures, une écume bien distincte surnage et adhère aux parois du vase, tandis qu'un léger dépôt se précipite sur le fond.

Dans le lait, on constate, au bout de quarante-huit heures, une réaction acide qui va progressivement en augmentant; après une semaine, il se forme un coagulum qui se dissout ensuite.

Le *Bacillus Salmonis pestis* est strictement aérobie.

Sa résistance au froid est très grande ; soumis même une semaine durant à l'influence d'un mélange réfrigérant de glace et de sel marin, il se développe vigoureusement. Il en est de même à la température ordinaire, mais la croissance diminue bientôt à mesure que la chaleur augmente. Des cultures maintenues à 37° centigrades cessent de prospérer et périssent ensuite au bout de six jours [1].

La maladie du Saumon ne peut se déclarer que chez les Animaux dont l'épiderme présente des blessures ou altérations qui sont le point de départ de l'infection bactérienne gagnant ensuite le derme et les muscles. Les Poissons dont le revêtement cutané est intact peuvent séjourner sans inconvénients dans une eau où abonde le Bacille de la peste. Encore faut-il pour cela, comme le montre une expérience de PATTERSON, qu'il n'y ait pas de sable dont les grains puissent provoquer de petites lésions de la peau, sans quoi les sujets en observation sont contaminés au bout d'une dizaine de jours. Ceci rend compte de la facilité avec laquelle les Saumons peuvent contracter la maladie dans les rivières à fond sablonneux ou semé de cailloux aigus.

Il est probable qu'ici encore, c'est dans la pollution des eaux qu'il faut rechercher la cause première des épidémies.

Dans les conditions où se produit la peste, on ne peut lutter directement contre elle. Mais, comme dans tous les cas semblables, une mesure s'impose pour enrayer la contagion, c'est la récolte et la destruction des Poissons qui en sont victimes et qui infectent les eaux

(1) Ceci explique pourquoi, bien que le *B. Salmonis pestis* se développe parfaitement dans l'eau salée, c'est en eau douce que sévit l'épidémie. Le moment le plus favorable au Microbe est en effet la saison froide, époque à laquelle le Saumon se trouve en rivière pour la reproduction. Il faut ajouter qu'en temps de fraye les Poissons sont plus particulièrement prédisposés aux maladies.

Il ne suffit pas d'enfouir les cadavres, il est indispensable de les brûler pour faire périr les Bacilles qui y pullulent. En procédant de la sorte, on combat efficacement la cause la plus active de propagation de la maladie, et ses ravages se trouvent certainement atténués dans une large mesure.

10 — La Septicémie ulcéreuse du Carassin doré

Septicemia ulcerosa Carassii aurati

Au mois de mai 1900, le Docteur Giulio CERESOLE, attaché à l'Institut bactériologique de l'Université royale de Padoue, eut l'occasion d'examiner quelques sujets morts ou mourants de Carassin doré ou Poisson rouge (*Carassius auratus* L.), victimes d'une épidémie ayant éclaté dans l'aquarium où on les élevait [1].

Sur les nageoires de ces animaux, et surtout sur la caudale, on pouvait remarquer de nombreuses petites ecchymoses non confluentes. Mais une particularité plus remarquable était la présence, chez presque tous les individus, d'un ulcère à la partie supérieure et postérieure de la tête. De forme ovale allongée, il occupait parfois seulement la base du crâne, mais empiétait le plus souvent un peu sur les chairs du dos, sans cependant jamais descendre sur les flancs. Un mucus blanchâtre recouvrait l'abcès, débordant même légèrement au delà de la limite des tissus nécrosés ; il se détachait facilement en lambeaux, laissant apercevoir la couche lardacée sous-jacente [2].

L'examen microscopique de cette mucosité y révéla la présence, en quantités très considérables, d'un Bacille spécial qui fut retrouvé dans le sang. Isolé, cultivé sur bouillon et injecté soit dans la cavité viscérale, soit dans les muscles de Poissons rouges sains, à la dose d'une à deux gouttes, il détermine la formation d'un abcès au point d'inoculation, et très souvent, sur la tête, celle de l'ulcère plus haut

[1] « Ein neuer Bacillus als Epidemieerreger beim *Carassius auratus* der Aquarien » (*Centralblatt für Bakteriologie, Parasitenkunde und Infektionskrankheiten*, Ire partie, t. XXXVIII, pp 305-309 Iena, Gustav Fischer, 1900).

[2] Le Docteur CERESOLE ne parlant pas des resultats de l'autopsie, il est donc présumable que les muscles et viscères ne présentaient rien d'anormal.

décrit. Vers la fin de la maladie, dont la marche est lente, des épanchements sanguins se produisent dans la nageoire caudale ; la mort survient au bout d'une quinzaine de jours. On peut s'assurer facilement qu'il y a bien eu infection bactérienne provoquée ([1]).

La preuve du rôle du Microbe était faite, et, vu la nature de l'affection dont il est la cause, la plaie occipitale qui constitue son lieu d'élection, il méritait bien la dénomination de *Bacillus septicemiæ ulcerosæ Carassii aurati* qui lui fut attribuée par CERESOLE.

Cet organisme a la forme de bâtonnets cylindriques à extrémités arrondies, ayant environ 2 à 2,5 μ de longueur sur 0,8 à 0,9 μ de largeur([2]), se présentant presque toujours isolés, fort rarement accolés deux à deux ; leur mobilité est en général très grande. On n'a jamais observé d'apparence de reproduction par spores.

Les Bactéries prennent bien les couleurs usuelles, mais les retiennent mal : un simple lavage prolongé provoque la décoloration, comme l'emploi de la solution de GRAM.

A la température de 18° centigrades, sur plaques de gélatine, les colonies sont déjà visibles après vingt-quatre heures ; elles sont rondes, à contour régulier, d'un blanc diaphane ou de teinte jaunâtre. Le lendemain, la liquéfaction se produit.

En piqûre, la culture constitue une masse claviforme, de consistance grenue, d'abord entièrement blanche, puis d'un rose tirant sur le jaune. Au bout de deux jours, de fins filaments, analogues à ceux qu'on observe avec la Bactéridie charbonneuse, commencent à partir du canal d'inoculation ; douze heures plus tard, ils présentent à leur extrémité de délicates aigrettes d'aspect plumeux. Après une semaine écoulée, la tête de la colonie prend au milieu une coloration

---

([1]) Le Microbe s'est montré très virulent pour le Lapin. Une injection de 2 centimètres cubes de culture fraîche détermine la mort de l'animal en dix à douze heures ; à l'autopsie, on constate la présence, dans la partie où a été faite la piqûre, d'un œdème très étendu, dont le liquide pullule de Bacilles. Les vieilles cultures sont moins actives ; il ne résulte même de l'inoculation de celles très âgées qu'une courte maladie suivie de guérison.

([2]) La forme et les dimensions varient quelque peu avec les milieux de culture. Dans le bouillon, les bâtonnets sont plus fins ; sur pomme de terre, ils sont à peine plus longs que larges. Les chiffres indiqués sont des moyennes.

rouge brique, qui tourne par la suite au brun rougeâtre, la périphérie restant d'un blanc jaunâtre sale. Cette dernière teinte, ou une autre plutôt laiteuse, est celle de la gélatine ayant subi la liquéfaction, qui est complète vers le dixième jour. Aux environs du quinzième, le contenu du tube est fluide, complètement trouble et recouvert à la surface d'une pellicule blanchâtre, passant plus tard au gris de plomb (1)

Le Microbe se développe abondamment sur gélose; un revêtement blanc, puis crème, puis jaunâtre avec centre rouge brique clair, prend bientôt naissance le long de la strie. Les bords sont le siège d'une fluorescence dont l'intensité va progressivement en augmentant.

Sur pomme de terre, les colonies apparaissent rapidement, formant une couche grenue, humide, luisante, d'abord transparente ou légèrement blanchâtre, devenant ensuite rose, rouge brique et finalement brun chocolat.

Dans les cultures en bouillon, on observe un trouble homogène et un dépôt abondant sur le fond du vase, il ne se forme pas de voile.

Le lait est coagulé en quelques jours.

Le *B. septicemiæ ulcerosæ Carassii aurati* est anaérobie facultatif, mais végète moins bien à l'abri de l'air.

Sa croissance, vigoureuse à la température ordinaire, optima à 18° centigrades, diminue ensuite et est difficile à 35°; il périt enfin s'il est maintenu dix minutes dans une étuve chauffée à 60°.

Il semble que l'infection des Carassins dorés se fasse par les voies digestives. Tout au moins CERESOLE a-t-il constaté que, si on verse une culture virulente dans l'eau où vivent des sujets sains, ceux-ci meurent au bout de quelques jours en présentant l'abcès typique du crâne.

Si la maladie se déclarait dans un élevage de Poissons rouges, les mesures déjà préconisées dans les cas analogues trouveraient leur application. Il faudrait d'abord vider, puis désinfecter les aquariums ou bassins et séparer les individus indemnes de ceux frappés par l'épidémie. Pour ces derniers, s'il en était qui parussent présenter des chances de guérison, on pourrait peut-être essayer l'effet du

(1) Les renseignements fournis se rapportent à des gelées contenant 10 °/o de gélatine. Si la proportion est plus forte, la liquéfaction est plus lente et les colorations ne sont pas les mêmes

séjour dans une eau fraîche et courante et désinfecter la plaie au permanganate de potasse. Dans tous les cas, les cadavres des victimes devront être brûlés pour éviter que, du fait des Bacilles qui y pullulent, il n'y ait propagation de la septicémie ulcéreuse.

11 — La Tuberculose pisciaire

Tuberculosis Piscium

En 1895, des tentatives de fécondation artificielle concernant la Carpe (*Cyprinus carpio* L.) ayant été effectuées à la pisciculture de Velars-sur-Ouche (Côte-d'Or), huit sujets ayant servi aux essais furent déposés dans un grand ruisseau avec des reproducteurs de Truite arc-en-ciel.

Dès l'automne 1896, certaines de ces Carpes paraissaient malades ; leurs flancs bosselés, leur abdomen volumineux, leur teinte plus foncée, attiraient l'attention. Six d'entre elles se montrèrent successivement atteintes.

Au mois de décembre, il fut déjà possible de reconnaître, sur un cadavre incomplètement putréfié, que la rétention du frai n'était pas la cause des déformations observées.

Dans les derniers jours de février 1897, une Carpe malade put enfin être examinée dans des conditions favorables par le Professeur BATAILLON, de la Faculté des sciences de l'Université de Dijon, le Docteur DUBARD, professeur suppléant à l'École de médecine de la même ville, et M. L. TERRE [1]. Elle avait la région abdominale du

---

[1] BATAILLON, DUBARD et TERRE : « Un nouveau type de tuberculose » (*Comptes rendus hebdomadaires des séances de la Société de Biologie,* 10e série, t. IV, pp. 446-449. Paris, Masson, 1897).

BATAILLON et TERRE : « La Forme saprophytique de la tuberculose humaine et de la tuberculose aviaire » (*Comptes rendus de l'Académie des sciences,* 1897, p 1399. Paris, Gauthier-Villars).

DUBARD : — *Bulletin médical,* 1897. — *Communications à l'Académie de médecine,* 1897-1898 — « La Tuberculose des animaux à sang froid et ses rapports avec la tuberculose des animaux à température constante » (*Revue de la Tuberculose,* t VI, pp. 13-25. Paris, Masson, 1896).

KRAL et DUBARD « Etude morphologique et biologique sur le *Bacillus tuberculosus piscium* » (*Revue de la Tuberculose,* t. VI, pp. 129-150).

côté droit soulevée par une tumeur de la grosseur d'un œuf de pigeon, logée entre l'ovaire et la paroi musculaire, et contenant une pulpe non caséeuse, mais facilement dissociable.

Cette tumeur fut prélevée soigneusement, mais l'examen des viscères fut malheureusement négligé.

En traitant les frottis de pulpe par la méthode d'Ehrlich, le tissu apparut rempli de Microbes magnifiquement colorés rappelant beaucoup le *Bacillus tuberculosis* (Koch). Il y avait phagocytose très active, car quantité d'éléments étaient gorgés de ces germes. Les coupes montraient de belles cellules géantes, mono ou polynucléées, ayant souvent à leur périphérie une véritable auréole de Bactéries disposées radialement.

La réaction organique avec afflux de leucocytes et formation de cellules géantes est caractéristique du tubercule ; il s'agissait donc d'une tuberculose des Poissons, ou « pisciaire ».

Des essais d'infection furent entrepris, sur des Carpes et d'autres Cyprinides, qui paraissent bien résister à l'inoculation intrapéritonéale, et peuvent y survivre plus de trois mois sans qu'il y ait apparence d'évolution d'une tumeur semblable à la tumeur originelle ; mais on retrouva en abondance, dans le foie et dans le rein des sujets sacrifiés au bout de quatre à cinq semaines, le germe pathogène introduit dans leur organisme [1].

Ce germe, dénommé *Bacillus tuberculosis Piscium*, apparaît, dans la pulpe des tumeurs, sous forme de bâtonnets très réfringents, immobiles [2], grêles et comme entourés d'une enveloppe. Leur

---

[1] Le Bacille isolé par Bataillon, Dubard et Terre est tuberculisant pour tous les autres animaux à sang froid sur lesquels il a été expérimenté, Batraciens (Triton, Grenouille, Crapaud) ou Reptiles (Tortue, Lézard, Seps, Orvet, Couleuvre, Vipère) ; les passages sur une espèce exaltant la virulence pour cette même espèce, mais non pour les autres.

Par contre, les Mammifères et Oiseaux sont réfractaires à l'infection. On arrive cependant à rendre le germe pathogène pour le Cobaye par passage sur une série d'Animaux.

[2] Les Bacilles sont très faiblement mobiles dans les cultures liquides, et les bouillons ne se troublent naturellement que si, par une agitation renouvelée, on a doué de mobilité les Microbes qui en étaient dépourvus.

taille est assez variable sans sortir des limites indiquées pour le Bacille de Koch ; certains sont rectilignes, coupés court à leurs extrémités, les uns très fins, d'autres relativement trapus ; certains sont cocciformes, homogènes ou granuleux. Dans les cultures, les colonies jeunes contiennent de semblables éléments, mais ensuite apparaissent, plus ou moins tôt suivant les milieux, de longs filaments, simples ou ramifiés en dichotomies, qui sont des formes d'involution ou de reproduction.

Le Bacille des Carpes de Velars prend rapidement et facilement les couleurs ; c'est ainsi qu'on peut employer la solution de Ziehl à froid. Il résiste aux décolorants tels que le liquide de Gram, mais non à l'acide azotique au tiers.

Fig. 11. — *Bacillus tuberculosis Piscium.* Grossissement : 1560.
A gauche : culture jeune ; à droite : culture âgée.
(*D'après* Kral et Dubard)

L'évolution sur gélatine est assez pénible. A la température ordinaire, c'est seulement au bout de quinze à vingt-cinq jours qu'on voit apparaître de petits points granuleux, mats, d'un blanc grisâtre ; leur centre est opaque, la périphérie plus transparente, le bord denticulé. Il n'y a pas liquéfaction.

Le lendemain de l'inoculation sur gélose, il existe déjà une trace visible de végétation, qui, au bout d'une semaine et demie, forme un revêtement blanc crème, lisse et luisant.

Quand on ensemence sur pomme de terre, on observe, après trois à quatre jours, un semis de colonies verruqueuses, humides, ayant la consistance du savon et d'une couleur blanc bleuâtre.

Sur bouillon, les cultures prospèrent rapidement ; le liquide ne se trouble pas naturellement, mais si on l'agite légèrement, de petits flocons caractéristiques surgissent du fond. Il se forme assez souvent, à la surface, un voile léger, assez résistant.

Le lait s'épaissit, mais ne caille pas.

Le Bacille de la tuberculose pisciaire est aérobie, mais peu exigeant (1).

Il croît à basse température. Les cultures évoluent entre 10° et 37° centigrades, l'optimum paraissant se trouver vers 23°. A partir de 34°, on ne les obtient qu'avec une certaine difficulté, et leur vitalité s'épuise en quatre à cinq mois. La durée de la végétabilité à 10°-20° est au contraire très longue, et dépasse une année.

On voit, d'après tout ce qui précède, que le Microbe trouvé chez les Carpes de Velars a de grandes analogies avec le Bacille de Koch (2), et de fait il semble bien que le premier ne soit qu'une variété ou race du second. Les turberculoses pisciaire, humaine (3) et aviaire seraient ainsi imputables à un même germe pathogène, susceptible de s'adapter à des conditions d'existence diverses, et subissant, de ce fait, certaines variations. Celles-ci seraient dues surtout aux différences notables de la température du corps chez les Poissons, les Mammifères et les Oiseaux.

La nature exacte des relations entre les Bacilles découverts respectivement par Koch et par Bataillon, Dubard et Terre n'est pas encore bien établie ; la question n'a d'ailleurs pas grand intérêt au point de vue pratique. Ce qui importe seulement, c'est l'existence de ces relations, et elle paraît prouvée.

La maladie observée à Velars a eu, en effet, ce caractère d'être de courte durée et tout à fait localisée. Dans le ruisseau où elle a sévi, des centaines de Carpes avaient vécu avant 1895, et vingt sujets

(1) Les cultures en piqûre, sur gelatine ou gelose, montrent que la végétation ne s'effectue pas dans la profondeur de la gelee.

(2) L'analogie se retrouve encore entre les toxines secretées respectivement par le Bacille de Koch et le Bacille pisciaire. Le *B. tuberculosis Piscium* sécrète une substance dont les propriétes sont analogues a celles de la tuberculine extraite des cultures en bouillon du Bacille de Koch ; mais elle est moins active, comme agent thermogène. — Voir : — Ramond et Ravaut, « Sur une nouvelle tuberculine » (*Comptes rendus hebdomadaires des séances de la Société de Biologie*, 10e série, t. V, p. 587. Paris, Masson, 1898) ; — Ledoux-Lebard, « Le Bacille pisciaire et la tuberculose de la Grenouille due à ce Bacille » (*Annales de l'Institut Pasteur*, t. XIV, pp. 535-554. Paris, Masson, 1900).

(3) L'épithète doit être entendue dans son sens le plus large, c'est-à-dire en rattachant a la tuberculose de l'Homme celle des autres Mammifères (T. bovine, T. porcine).

introduits à l'automne 1897 s'y sont maintenus en bonne santé. Au moment même où elle s'y manifestait, tous les autres bassins de la pisciculture restaient indemnes.

Dans ces conditions, l'affection avait une cause très particulière et transitoire qu'il ne fut pas très difficile de découvrir. Il fut reconnu que, depuis le milieu de 1895 jusqu'à la fin de 1896, une personne atteinte de tuberculose pulmonaire et intestinale avait fait vider ses crachoirs et seaux à déjections dans la partie du ruisseau où se trouvaient les Carpes qui vinrent à périr par la suite. La vidange quotidienne s'opérait dans un endroit où il y avait un remous; il attirait les Poissons qui ingéraient les produits tuberculeux, demeurés là grâce à l'absence de courant.

Des expériences ont été faites depuis par le Professeur DUBARD, par J. NICOLAS et LESIEUR [1], de Lyon, par HORMANN et MORGENROTH [2], pour reproduire artificiellement la maladie de Velars. On a essayé d'infecter des Carpes et Carassins dorés au moyen de produits tuberculeux humains, notamment en les nourrissant de crachats de phtisiques. Les sujets soumis à ce régime alimentaire meurent d'ordinaire au bout d'un temps variant de quarante-cinq jours à huit mois, mais on n'a jamais trouvé chez eux trace de tumeur. Cependant, le germe pathogène existe bien dans leurs organes, en partant desquels on peut tuberculiser le Cobaye, mais il est rare à ce point qu'on n'a pu l'apercevoir par observation directe au microscope. Il s'y maintient longtemps, sans perdre de sa virulence; on a pu déceler sa présence chez des Poissons n'ayant pas ingéré de crachats tuberculeux depuis un mois; il se retrouvait aussi dans leurs excréments

En somme, il résulte de ces recherches que le Bacille de KOCH est susceptible de provoquer, chez les Cyprinides, une infection tuberculeuse diffuse, à laquelle les animaux succombent généralement, mais sans présenter de lésions macroscopiques.

Cette constatation a une importance pratique. Sans doute, les

---

(1) « Effets de l'ingestion de crachats tuberculeux humains chez les Poissons » (*Comptes rendus hebdomadaires de la Société de Biologie,* 11e série, t I, pp 774-776. Paris, Masson, 1899).

(2) « Ueber Futterung von Fischen mit tuberkelbacillenhaltiger Nahrung » (*Hygienische Rundschau,* 1899, p. 857).

conditions qui ont amené la maladie des Carpes de Velars sont tout à fait exceptionnelles, et il ne semble pas qu'il y ait beaucoup lieu de craindre pour les Poissons les produits tuberculeux d'origine humaine. Il n'en va pas tout à fait de même de ceux de la tuberculose bovine. Certains établissements de pisciculture sont installés dans le voisinage de laiteries importantes; on donne alors volontiers comme nourriture, aux sujets d'élevage, les résidus des centrifugeurs. Or, ceux-ci contiennent une grande quantité de Bacilles tuberculeux; il est donc prudent de ne les distribuer qu'après les avoir préalablement soumis à la cuisson.

12 — La Xanthose du Gardon

Xanthosis Leuciscorum

En 1897, pendant les dix derniers jours de juillet et la première semaine d'août, on observa une grande mortalité sur le Gardon (*Leuciscus rutilus* L.) dans le lac de Zurich, surtout dans les régions de moindre profondeur de sa partie occidentale.

Les victimes de l'épidémie présentaient, en différents points du corps, des taches de teinte jaune plus ou moins prononcée, bien délimitées, un peu saillantes, d'un diamètre de 25 et 35 millimètres. Ces taches caractéristiques, qui ont valu à la maladie le nom de xanthose [1] ou de peste jaune, ne manquaient qu'exceptionnellement; elles étaient souvent accompagnées d'ecchymoses superficielles, de nombre et d'importance variables, sur le ventre, les flancs, la tête et les nageoires. Les écailles, d'ailleurs peu adhérentes chez le Gardon, manquaient d'ordinaire, au moins partiellement, ou tombaient sous les doigts aux emplacements colorés en jaune. Sous ces derniers, les muscles se trouvaient parfois quelque peu injectés de sang, par ailleurs ils n'offraient rien d'anormal, non plus que les viscères.

Les Poissons atteints devenaient faibles, et nageaient paresseusement; au bout de deux à trois jours, ils gisaient inertes, d'abord sur le côté, puis sur le dos; le mouvement des ouïes subsistait seul, encore allait-il se ralentissant pour cesser bientôt avec la vie.

L'épidémie ayant attiré l'attention de la Direction du service de

---

(1) De ξανθός, jaune

santé du canton de Zurich, l'Institut universitaire d'hygiène de cette ville fut invité à en rechercher la cause. Cette étude fut entreprise par le Professeur Oscar WYSS (1).

L'examen du sang des Gardons malades y fit découvrir, en abondance, un Microbe qui ne fut pas trouvé chez les animaux sains (2). Il se présentait sous différents aspects : coccus, diplocoques, diplobacilles, bâtonnets tantôt courts, tantôt longs, et était souvent entouré d'une capsule (3).

Cet organisme, qu'on rencontre aussi dans le liquide de la cavité péricardique, le foie, la bile, les muscles et l'intestin, doit être considéré comme le germe de la peste jaune. En l'inoculant à des Poissons, même à dose faible, par injection sous-cutanée, on constate que ceux-ci ne tardent pas à périr en offrant les symptômes de l'affection, et en particulier les taches caractéristiques ; on peut d'ailleurs s'assurer que les Bactéries se sont bien répandues dans tout le corps des sujets. Une autre expérience a été faite en plaçant un Gardon, pendant quelques minutes seulement, dans une eau infectée, la mort s'en est suivie au bout de trois jours (4).

Le Bacille de la xanthose est, comme on l'a déjà vu, très variable de forme et de taille. On l'observe le plus généralement sous l'aspect de bâtonnets à extrémités arrondies, souvent réunis deux à deux, munis de un à cinq cils vibratiles et très mobiles. Leur largeur est comprise entre 0,3 et 0,6 μ, et leur longueur va d'ordinaire de 0,7 à 2,5 μ, mais on rencontre parfois des filaments ayant jusqu'à 7 μ.

Les éléments prennent bien les couleurs et restent colorés après traitement par la méthode de GRAM.

En culture sur plaques de gélatine, à la température ordinaire, on

(1) « Ueber eine Fischseuche durch *Bacterium vulgare* (*Proteus*) » [*Zeitschrift für Hygiene und Infectionskrankheiten*, t. XXVII, pp 143-174. Leipzig, von Veit, 1898].

(2) Si le Microbe manque dans le sang des Poissons non malades de xanthose, il se rencontre dans leur intestin, c'est le parasite le plus constant de l'appareil digestif du Gardon.

(3) Cette capsule, fréquente chez les Bacilles observés dans le sang, n'a jamais été trouvée dans les cultures.

(4) Il convient de remarquer que, dans cette expérience, le Poisson présentait près de la tête une altération de revêtement écailleux sur laquelle ne tardèrent pas à s'installer les Saprolégniacées et l'animal mourut sans que des taches jaunes fussent apparues sur la peau. Mais l'examen bactériologique démontra la présence du Microbe de la xanthose dans le sang, la bile et, bien entendu, dans l'intestin.

voit, au bout de vingt-quatre heures, apparaître de petites taches rondes, blanchâtres, à contour parfois régulier, mais plus souvent hérissé de fines pointes ou émettant de délicats rayons ondulés. Ces colonies s'entourent d'une auréole de liquéfaction qui s'accroît assez vite, et s'y présentent généralement comme de petites étoiles à centre pâle entourées de zones concentriques alternativement sombres et claires. De leur périphérie se détachent des prolongements très variables et irréguliers gagnant les parties encore solides de la plaque, où on les observe sous l'aspect d'éléments isolés, de masses grenues ou de filaments déliés.

Dans un tube inoculé par piqûre, la gélatine se liquéfie avec rapidité, il se produit une cavité en entonnoir dont les parois offrent de très fines expansions où prennent naissance de petites bulles de gaz. Cette cavité, à contenu trouble, affecte ensuite la forme d'un sac.

Sur gélose, un revêtement blanchâtre, diaphane, à surface unie et brillante, se développe le long de la strie.

La croissance sur pomme de terre est lente, mais se poursuit longuement jusqu'à ce que toute la substance nourricière soit recouverte d'une couche épaisse ayant l'apparence et la consistance du miel. La couleur varie du jaune brunâtre au rose pâle.

Dans le bouillon, l'introduction du Bacille provoque un fort trouble, un dépôt se rassemble sur le fond, tandis qu'une mince pellicule s'étend à la surface, au moins contre les bords du vase. Le liquide dégage une odeur prononcée d'ammoniaque, et souvent aussi d'acide sulfhydrique.

Le lait n'est pas altéré.

Le Microbe de la xanthose est anaérobie facultatif, mais se développe moins bien en l'absence d'air.

La température optima est comprise entre 15° et 25° centigrades, mais la végétation est encore vigoureuse à 37°.

Si on rapproche les propriétés qui précèdent de celles d'organismes déjà connus, on constate que la plupart se retrouvent chez le *Bacillus* (ou *Proteus*) *vulgaris* (Hauser), très commun partout où existent des matières animales en décomposition. Cependant, ce dernier a des cils vibratiles plus nombreux, ne donne sur pomme de terre qu'une petite bande d'un blanc jaunâtre ou grisâtre sur la strie d'inoculation, et coagule le lait. Il se distingue encore par son action sur l'urée qui subit une fermentation ammoniacale énergique.

La concordance des caractères n'est donc pas absolue. Cependant, étant donnée la variabilité du *B. vulgaris*, les différences signalées ci-dessus n'ont pas paru suffisantes à WYSS pour légitimer la création d'une espèce. Il a donc considéré le Bacille trouvé par lui chez les Gardons victimes de la peste jaune comme identique à celui d'HAUSER, ou du moins comme n'en constituant qu'une simple variété [1].

Comment maintenant expliquer l'infection bactérienne et l'épidémie ?

Pour la solution de cette question, la connaissance des observations et analyses relatives à l'eau du lac effectuées périodiquement au laboratoire municipal de Zurich, devait présenter un grand intérêt. Or, contrairement à ce qu'on aurait pu croire, la période où a été constatée la mortalité sur le Gardon n'a nullement été marquée par une augmentation dans la teneur en Bactéries ou substances organiques. Les chiffres relevés à ce moment sont, en effet, moyens ou faibles [2].

---

[1] La façon de voir du Professeur WYSS l'a amené, à propos d'une comparaison entre la peste jaune et les autres épidémies déjà observées, à rattacher au *B. vulgaris* les Bacilles trouvés : — 1° par CHARRIN, en 1893, chez des Poissons du Rhône, (*vide infra*, p. 71) ; — 2° par CANESTRINI, chez des Anguilles atteintes de peste rouge (*B. Anguillarum*) [*vide supra*, p. 15] ; — 3° par SIEBER, chez des Sandres morts dans un vivier à Saint-Petersbourg (*B. piscicidus agilis*) [*vide infra*, p. 73]. Il a de plus conclu à l'identité complète du dernier avec celui de la xanthose, ce qui n'a pas été sans soulever des réclamations de l'auteur de la découverte (*Zeitschrift fur Hygiene und Infektionskrankheiten*, 1898, — t. XXVII, pp. 166-168, — et t. XXVIII, pp. 159-162).

[2] D'après les renseignements fournis au Professeur WYSS par le Docteur BERTSCHINGER, l'eau du lac de Zurich contenait, le 20 juillet 1897 :

a) Bacteries : à 5 mètres de profondeur : 555 colonies par centimètre cube contre un minimum de 165 (fin août) et un maximum de 3 000 (février) ;

À 13 mètres de profondeur : 233 colonies par centimètre cube contre un minimum de 220 (juin) et un maximum de 5 260 (février) ;

b) Substances organiques : $22^{gr}8$ par litre contre un minimum de $16^{gr}2$ (26 Mars) et un maximum de 30 grammes (27 avril) ;

Ammoniaque libre : $0^{gr}008$ par litre contre un minimum de $0^{gr}004$ (fin septembre) et un maximum de $0^{gr}052$ (10 avril) ;

Ammoniaque albuminoïde : $0^{gr}05$ par litre contre un minimum de $0^{gr}041$ (fin mars) et un maximum de $0^{gr}072$ (janvier).

En revanche, la température de l'eau, prise à la surface, s'élevait, le 20 juillet, à 22°4 centigrades. Il semble donc qu'il y ait une relation entre la maladie, qui éclate à cette date, et la chaleur alors presque à son maximum [1]. Cette supposition paraît d'autant plus vraisemblable qu'elle explique la courte durée de l'épidémie, dont la cessation fut probablement la conséquence d'une baisse de 4° survenue dans les premiers jours d'août.

L'élévation de température peut avoir eu pour conséquence de favoriser le *B. vulgaris* préférablement aux autres espèces ; il aurait pullulé d'une façon anormale sans que la teneur globale de l'eau en Microbes en ait été augmentée. Mais ce qui semble le plus probable, c'est que le Gardon a été éprouvé par la chaleur : sa vitalité s'est trouvée diminuée. Dans ces conditions, le Bacille qui, comme on l'a vu, se trouve normalement dans l'intestin des sujets même sains, a pu envahir le reste de l'organisme, trop affaibli pour réagir. WYSS a d'ailleurs observé semblable infection chez un individu qui, après un séjour d'une semaine en aquarium, débilité soit du fait de la captivité, soit parce qu'il fut attaqué par les Saprolégniacées, tomba malade et mourut après apparition de taches jaunes sur les flancs. Le Microbe de la xanthose, abondant dans l'appareil digestif, se trouvait, en petite quantité, il est vrai, dans le sang et dans la bile.

Il semble presque inutile de mentionner, en terminant, qu'il ne saurait être question, pour semblable épidémie, de mesures soit curatives, soit préventives.

13 — La Maladie de Charrin

Au mois de septembre 1892, le Docteur A. CHARRIN, médecin des hôpitaux, observa une sorte d'épidémie décimant les Poissons d'un bras du Rhône [2]. Les symptômes et l'évolution de cette maladie

---

[1] Le maximum absolu fut atteint au milieu d'août ; la température de l'eau s'éleva a 22° 8 centigrades ; elle s'était, entre temps, au début du mois, abaissée a 18° 3.

[2] « L'Infection chez les Poissons » (*Comptes rendus hebdomadaires des séances de la Société de Biologie*, 9e série, t. V, pp. 331-333. Paris, G. Masson, 1893)

n'ont malheureusement pas été décrits; il semble toutefois que les Cyprinides seuls furent éprouvés et que des hémorragies devaient s'observer chez les sujets atteints.

Ce qui est certain, c'est qu'ils étaient infectés par de nombreux Microbes, dont un se révéla pathogène.

Inoculé à la Carpe ou au Barbeau, il les tue en donnant fréquemment naissance à des épanchements sanguins dans les muscles ou sous les écailles; un individu de 250 grammes succombe consécutivement à l'injection de 1 centimètre cube de culture [1]. Il suffit de verser 3 grammes de cette même culture dans un aquarium de 4 litres de capacité, contenant dix Ablettes, pour que sept d'entre elles périssent dans l'espace de trois semaines. Durant ce même laps de temps, deux Poissons seulement meurent dans un récipient témoin, encore ne retrouve-t-on pas dans leurs organes le Bacille ayant servi à infecter l'eau, comme c'est le cas pour ceux du premier bocal [2].

Le Microbe isolé par Charrin est un bâtonnet mobile de 2 μ de longueur sur 0,8 μ de largeur.

Il liquéfie la gélatine avec une certaine lenteur ; déposé à sa surface, il provoque la formation d'un petit cratère à contenu trouble.

Sur gélose, il détermine l'apparition d'une couche mince, à reflets bleuâtres irisés; on aperçoit parfois, autour de la colonie, des traînées bactériennes rayonnantes.

Sur la pomme de terre, un revêtement saillant, mamelonné, humide, d'un jaune brunâtre, se développe promptement sur les points ensemencés.

Le bouillon offre un louche blanchâtre assez uniforme.

Le lait se coagule en deux ou trois jours et devient acide.

---

(1) Les produits de l'activité vitale du Bacille, ceux insolubles dans l'alcool en particulier, agissent comme les cultures; 6 centimètres cubes de toxines font périr un Poisson de 200 grammes.

(2) Le Microbe découvert par le Docteur Charrin est pathogène pour la Grenouille, le Cobaye et le Lapin, mais il faut employer 3 à 4 centimètres cubes de culture pour obtenir des accidents mortels.

Le Bacille est anaérobie facultatif, mais tandis qu'il se multiplie aisément au contact de l'air, il n'a plus qu'une faible vitalité quand on l'emprisonne sous l'huile.

Il paraît assez indifférent aux influences thermiques ; sa pullulation, active à 20° centigrades, n'est pas entravée à 30°.

S'agit-il d'une espèce se rapprochant du Colibacille, comme l'estime CHARRIN, ou du *Bacillus vulgaris* (Hauser), suivant l'opinion du Docteur WYSS [1] et, après lui, du Professeur HOFER ? Il est impossible de le dire, la description qui a été donnée du Bacille cause de la maladie des Poissons du Rhône n'est pas en effet suffisamment complète pour permettre son identification.

14 — La Maladie de Sieber

En 1894, une épidémie se déclara tout d'un coup, à Saint-Pétersbourg, dans un vivier où, depuis une dizaine d'années déjà, étaient conservés des Poissons destinés à la consommation. Trente périrent dans l'espace de deux jours, et la Sandre (*Lucioperca sandra* C. & V.) fut particulièrement éprouvée.

Bien qu'on manque de détails précis sur les symptômes de cette maladie, il paraît certain que les animaux atteints manifestaient d'abord un peu d'inquiétude, leur respiration s'accélérait, puis survenait un état d'apathie et de paralysie bientôt suivi de la mort. En ouvrant les cadavres, on aurait constaté des hémorragies internes importantes ; le foie, la rate et les autres viscères étant fortement hyperémiés, et la cavité abdominale remplie d'une sérosité sanguinolente [2].

Le Professeur NENCKY, de l'Institut impérial de médecine expérimentale, chargé de découvrir les causes de cette mortalité, confia

---

[1] « Ueber eine Fischseuche durch *Bacterium vulgare* (*Proteus*) » [*Zeitschrift fur Hygiene und Infektionskrankheiten*, t. XXVII, pp. 143-174. Leipzig, von Veit, 1898).

[2] Ces allures du Poisson, ces lésions internes sont celles observées sur les sujets auxquels fut inoculé le Bacille cause de l'épidémie.

les recherches bactériologiques, les seules qui donnèrent un résultat, à Mme N. SIEBER-SCHOUMOW [1].

Celle-ci parvint à isoler, des muscles et organes des victimes de l'épidémie, de la surface du vivier et de son tuyau d'écoulement, de l'eau enfin de ce vivier, une Bactérie extrêmement pathogène pour les Poissons [2]. Tous les procédés de contamination par les voies soit digestives, soit respiratoires, tous ceux d'inoculation dans les muscles ou dans les viscères, se sont montrés efficaces ; toujours on a retrouvé le Microbe étudié chez les sujets ayant succombé aux expériences. La virulence des cultures augmente avec leur âge ; elle persiste après filtration [3] et même après distillation, tant est violente la toxine [4] sécrétée par cette espèce, qui reçut le nom de *Bacillus piscicidus agilis*.

La seconde épithète est due à la grande mobilité des éléments, qui sont de petits bâtonnets, déliés, souvent réunis deux à deux. Ils se colorent bien, surtout par la solution de ZIEHL à la fuchsine. Des spores paraissent se former dans les vieilles cultures.

La Bactérie découverte par SIEBER liquéfie la gélatine. Les colo-

---

(1) « Contribution à l'étude des poisons du Poisson : *Bacillus piscicidus agilis*, nouveau microorganisme pathogène pour les Poissons » (*Gazeta lekarska* [Journal de Médecine]. Saint-Pétersbourg, 1895, nos 13, 14, 16 et 17 [en russe]).

Un résumé en allemand, par A. WROBLEWSKI, a paru dans : *Centralblatt für Bakteriologie und Parasitenkunde*, 1re partie, t XVII, pp. 888-889. Iéna, Gustav Fischer, 1895 ; et un autre dans : BAUMGARTENS *Jahresbericht über pathogenen Mikroorganismen*, 1895, p. 338.

(2) Les Batraciens résistent encore moins que les Poissons : il suffit d'inoculer 0cc 1 de bouillon de culture de six jours à une Grenouille pour la faire périr en vingt-quatre heures.

Les Animaux à sang chaud, les Oiseaux exceptés, sont également sensibles ; les Souris, Cobayes, Lapins, Chiens, sur lesquels ont été entreprises des expériences d'infection, sont tombés malades ou ont succombé, suivant les doses employées.

(3) Les cultures filtrées sur filtre Chamberland donnent, avec le chlorure de fer, une coloration rouge intense caractéristique.

(4) Mme SIEBER a isolé des cultures des alcaloïdes connus, cadavérine et autres ; elle a obtenu en outre plusieurs substances, dont une inconnue, éminemment toxique, se combinant avec l'acide chlorhydrique. Il faut 2 litres de culture pour obtenir 0gr 1 de ce chlorhydrate qui est un poison des plus violents. Il suffit d'en inoculer à une Grenouille 0gr 0035, en solution dans l'eau, pour la faire périr en quinze minutes.

nies sont petites, grenues, gris jaunâtre ; on y distingue trois zones concentriques dont la plus externe, translucide, a un contour net et dentelé.

En piqûre, le développement s'effectue bien, avec dégagement de gaz, notamment d'acide carbonique.

Les cultures sur gélose sont analogues à celles sur gélatine.

Sur pomme de terre, il se forme des taches d'un jaune brunâtre, disposées en chapelet.

Le lait est coagulé.

Le *B. piscicidus agilis* est anaérobie facultatif. Il ne se multiplie pas dans l'eau, mais y conserve des mois entiers sa virulence

Les températures paraissant les plus favorables au développement sont celles comprises entre 12° et 37°5 centigrades, mais aux environs de 0° le Microbe liquéfie encore la gélatine. Il périt à 60°-65°.

A quoi était due la présence du germe infectieux dans le vivier où a éclaté l'épidémie ? On ne le sait pas. Mais Sieber rapporte l'avoir retrouvé dans les selles de deux cholériques et chez beaucoup de Poissons achetés sur le marché de Saint-Pétersbourg à une époque où régnait le choléra.

Cette indication, l'examen des caractères morphologiques et culturaux du *B. piscicidus agilis*, ont conduit le Docteur Wyss (¹) à ne le considérer que comme une simple variété d'une Bactérie très polymorphe, le *Bacillus vulgaris* (Hauser), à laquelle seraient déjà dues d'autres maladies (²). Cette opinion paraît d'autant plus plausible que les différences que Sieber (³) a relevées dans le but de la réfuter et de justifier la création d'une espèce nouvelle, ne sont vraiment pas très caractéristiques.

(¹) « Ueber eine Fischseuche durch *Bacterium vulgare* (*Proteus*) » [*Zeitschrift fur Hygiene und Infektionskrankheiten*, — t. XXVII, pp. 147-174 ; — t. XXVIII, p. 162. — Leipzig, von Veit, 1898]

(²) Voir : — Maladie de Babes et Riegler, p. 42 ; — Xanthose, p. 66 ; — Maladie de Charrin, p. 70 ; — Septicémie gangreneuse de la Truite, p. 75.

(³) « Entgegnung » (*Zeitschrift fur Hygiene und Infektionskrankheiten*, t. XXVIII, pp. 158-161 Leipzig, von Veit, 1898).

15 — La Septicémie gangreneuse de la Truite

Septicemia tabida Trutæ

En 1892, à l'établissement de pisciculture de Velars-sur-Ouche (Côte-d'Or), appartenant au Docteur DUBARD, des Truites adultes (*Truta fario* L.) furent trouvées mortes, dont les chairs de la queue et du dos étaient, par places, profondément rongées.

Des cultures faites avec le sang des branchies, le tissu du rein et les masses musculaires désagrégées, permirent au Professeur E. BATAILLON, de la Faculté des sciences de Dijon, d'isoler un Bacille particulier (1).

Vu l'impossibilité d'opérer en aquarium sur un Poisson aussi délicat que la Truite, les expériences d'infection portèrent sur d'autres espèces. Des Brochets et Gardons de 250 grammes reçurent dans les muscles dorsaux 1 centimètre cube de culture diluée; au bout de trente-six heures, ils étaient morts. Des Épinoches ponctuées avec l'aiguille de PRAVAZ périrent en trois jours (2).

Chez tous les Animaux, la région caudale se paralysait, et quelques heures avant la mort ils ne progressaient qu'en sautillant, n'utilisant plus pour la locomotion que les nageoires pectorales. A l'autopsie, on trouvait tous les viscères hyperémiés et les faisceaux musculaires émiettés sur les points lésés. Le Microbe inoculé, qu'on retrouvait d'ailleurs dans les interstices du tissu cellulaire, surtout le long de la ligne latérale, était donc bien pathogène, et la maladie des Truites pouvait lui être attribuée avec une quasi-certitude.

---

(1) « Sur une maladie de la Truite et des œufs de Truite » (*Comptes rendus hebdomadaires des séances de la Société de Biologie*, 9e serie, t. V, pp 353-355 [voir aussi pp. 356-357]. Paris, G. Masson, 1893) — *Comptes rendus hebdomadaires des séances de l'Académie des sciences*, t. CXVIII, pp. 942-943. Paris, Gauthier-Villars, 1894)

(2) Le Bacille isolé par le Professeur BATAILLON fait aussi périr : — les Grenouilles, en quelques jours, avec des accidents septicémiques ; — les Ecrevisses en quarante-huit heures au plus, avec des symptômes analogues à ceux de la peste ; — le Cobaye, à la dose de 5-6 centimetres cubes

Le Microbe attaque encore, dans la nature, les œufs de Truite et de Grenouille rousse.

Ce Microbe, très mobile, mesure 3-4 μ sur 0,9-1 μ et a la forme d'un diplobacille légèrement arqué au niveau de la partie étranglée.

Les éléments se colorent bien par le bleu de méthylène.

A une température d'environ 9° centigrades, la gélatine commence à se liquéfier au bout de vingt-quatre heures; les colonies creusent des capsules de plusieurs millimètres de profondeur.

En piqûre il se produit rapidement un entonnoir, rempli d'un liquide floconneux prenant à la surface une légère teinte verte; un abondant dépôt blanchâtre s'y sédimente.

Sur gélose se développe un revêtement glaireux.

Sur pomme de terre, on voit apparaître après douze ou vingt-quatre heures une traînée d'un jaune brunâtre qui s'épaissit rapidement.

Les caractères qui viennent d'être indiqués sont insuffisants pour caractériser l'espèce à laquelle on a affaire. Elle paraît se rapprocher du Bacille de la septicémie gangreneuse de la Grenouille étudié par Legrain en 1888 (*B. hydrophilus fuscus* Sanarelli; *B. ranicida* Ernst), mais en diffère toutefois par la forme et la taille. Pour Bataillon, cet organisme appartiendrait au groupe du *Bacillus termo* (Dujardin), tandis que le Professeur Hofer le considère comme voisin du *Bacillus vulgaris* (Hauser).

Quoi qu'il en soit, il ne semble pas bien à craindre, car on a observé à Velars la mort de quinze Truites seulement; il n'y a donc pas eu une véritable épidémie, ou tout au moins a-t-elle été bénigne.

—

16 — Le Typhus de la Perche

Typhus Percarum

Durant toute la première moitié de l'année 1867, une épizootie violente fit périr journellement, sur toute l'étendue du lac Léman, des milliers de Perches [*Perca fluviatilis* L.] (1).

(1) Le Vengeron (*Leuciscus prasinus* Ag.), la Lote (*Lota vulgaris* C. & V.), paraissent avoir aussi souffert des épidémies de typhus, mais peu comparativement à la Perche, et seulement vers la fin de la maladie (juin-juillet).

De mémoire de pêcheur, aucune mortalité semblable ne s'était fait sentir auparavant. Le nombre des animaux frappés fut énorme. Sur toutes les plages, les Poissons apportés par les vagues s'accumulaient et répandaient, en se corrompant, une odeur nauséabonde dont le public se plaignit à différentes reprises. Le port de Morges dut, à quelques jours d'intervalle, être débarrassé trois fois des amas de cadavres en putréfaction qui menaçaient d'empester le voisinage. Dans plusieurs endroits où le courant les avait rassemblées, le fond du lac était jonché de Perches mortes. L'espèce était devenue si rare, à la fin de l'épidémie, que dans plusieurs localités on cessa d'en pratiquer la pêche, devenue tout à fait infructueuse.

Une seconde manifestation de ce « typhus » eut lieu en 1870, mais sensiblement moins forte ([1]).

Une troisième enfin se produisit en 1873, dont l'intensité égala, si elle ne la surpassa pas, celle de la première, mais elle épargna l'extrémité occidentale du Léman dite « petit lac ».

Dans tous les cas observés, la maladie a commencé à se faire sentir dès le mois de février, s'est montrée surtout meurtrière en mai-juin, et, après avoir diminué peu à peu depuis la fin de ce dernier mois, a cessé vers la mi-juillet. Elle a frappé les Perches de tout âge, les grandes comme les petites ([2]).

Le typhus ne pouvait manquer d'attirer l'attention des pouvoirs publics. Le Professeur CHAVANNES ([3]) fut chargé d'un rapport au Conseil d'État du canton de Vaud lors de l'épidémie de 1867 ; en 1873, cette tâche incomba au Docteur F.-A. FOREL ([4]), professeur à

([1]) Une épidémie décima aussi en 1868 les Perches de l'Orbe, affluent du lac de Neuchâtel. La maladie paraît avoir été la même. Il est cependant singulier qu'elle n'ait sévi — la constatation en a été faite — dans aucun affluent du Léman.

([2]) « Rapport au Conseil d'État du canton de Vaud » (*Le Nouvelliste vaudois*, 21 juin 1867).

([3]) « Notes sur une maladie épizootique qui a sévi sur les Perches du Léman en 1867 » (*Bulletin de la Société vaudoise des Sciences naturelles*, vol. IX, n° 58, pp. 599-608. Lausanne, Blanchard, 1868).

([4]) « Enquête sur l'épizootie de typhus qui a sévi sur les Perches du lac Léman en 1873 » (*Bulletin de la Société vaudoise*, vol XIII, n° 58, pp. 100-411 Lausanne, Rouge et Dubois, 1874).

Voir dans ce même *Bulletin :* Vol. IX, n° 58, pp. 620-624-626-627 ; n° 59, p 696. — Vol. X, n° 63, p. 528. — Vol. XII, n° 71, p. 455.

l'Académie de Lausanne, qui avait d'ailleurs fait antérieurement d'intéressantes recherches sur la maladie, soit seul, soit en collaboration avec le Docteur G. du Plessis (1).

Les symptômes du début de cette affection, qui paraît évoluer en une dizaine de jours, n'ont pu être notés, mais l'agonie des Perches malades a été observée. Elles viennent flotter sur le flanc, à la surface de l'eau, inertes, la respiration calme, essayant de plonger quand on veut les saisir, mais remontant bientôt. Elles meurent bouche et ouïes closes.

Les Poissons victimes du typhus présentent parfois des taches blanchâtres sur la peau, des hémorragies à la base des nageoires. A l'autopsie, le cerveau, l'estomac et les muscles n'offrent rien d'anormal, mais la vessie natatoire est friable et fortement injectée. Dans le foie on trouve très souvent (95 fois sur 100) un kyste de 2-5 millimètres de diamètre, blanc mat, à parois résistantes, contenant un Cysticerque de *Triænophorus nodulosus* Rudolphi (2). On avait cru, au début, que la maladie était due à ce parasite, mais un examen plus attentif fit bientôt rejeter cette hypothèse. Bien avant l'épidémie, Claparède avait signalé le Cestode incriminé comme très commun chez les Perches du Léman ; de plus, les foies où on le trouve enkysté ne présentent pas d'altérations.

C'est en examinant le sang des Poissons malades que Forel découvrit la cause du typhus. Il observa dans le sérum des microbes de deux sortes : Bactéries et Vibrions.

Les premières étaient de petits bâtonnets de 4-6 μ de longueur sur 0,5 μ de largeur, droits, cylindriques, quelquefois en diplobacilles, présentant de légers mouvements d'oscillation et de progression.

Les Vibrions étaient plus petits, sphériques ou réniformes et doués d'un mouvement vibratoire analogue au mouvement brownien.

Les mêmes constatations furent faites par les Docteurs du Plessis et Schnetzler.

Forel trouva une analogie frappante entre les Bactéries obser-

(1) « Etude sur le typhus des Perches » (*Bulletin de la Société médicale de la Suisse romande.* Lausanne, 1868).

(2) Parfois, mais très rarement, on rencontrait deux parasites dans le même foie.

vées par lui chez les Perches malades du Léman[1] et le Bacille du charbon (*Bacillus anthracis* Davaine).

Une tentative d'infection eut lieu sur un Lapin, qui ne fut pas affecté par l'inoculation du sang d'un Poisson typhique.

On ne possède pas d'autres renseignements sur le microorganisme découvert par FOREL ; cela est regrettable, mais se conçoit facilement, étant donnée l'époque où ont été faites les observations. La Bactériologie était alors à ses débuts.

Quoi qu'il en soit, il paraît certain que la maladie ayant sévi il y a trente à quarante ans sur les Perches du Léman était une affection microbienne.

Resterait à savoir la cause originelle des épidémies. Sur ce point, les membres des commissions d'enquête instituées pour l'étude de la question n'ont pu se mettre d'accord. Les uns ont attribué la mortalité à des circonstances climatériques défavorables ; les Perches, qui se réunissent pour frayer dans des eaux peu profondes, sujettes à variations rapides de température, auraient été éprouvées par les pluies froides prolongées et les gelées tardives des printemps de 1867 et 1873. D'autres incriminèrent les fabriques riveraines du lac, notamment les usines à gaz, dont les résidus riches en chaux et en ammoniaque, déversés en quantités considérables et massives, auraient empoisonné un certain nombre de Poissons. Les cadavres de ces premières victimes, amassés par les courants en divers points et s'y décomposant, auraient formé des foyers d'infection.

Il semble bien, d'après ce qu'on sait aujourd'hui sur les maladies bactériennes, qu'il y ait une part de vérité dans chacune des deux opinions. Les Perches, plus sensibles, au moment de la fraye, aux influences thermiques, ont souffert de printemps anormalement froids et pluvieux ; elles ont perdu suffisamment de leur vigueur, pour ne pouvoir réagir contre les germes pathogènes, dont l'existence et la pullulation dans les eaux du Léman présupposent un empoisonnement imputable aux usines des bords du lac.

---

(1) Et aussi de l'Orbe.

17 — Affections diverses insuffisamment connues

Dans les chapitres qui précèdent ont été passées en revue les maladies des Poissons d'eau douce d'Europe dont l'origine bactérienne paraît bien démontrée; le germe pathogène a été découvert et étudié d'une façon plus ou moins complète.

Reste maintenant à dire quelques mots sur d'autres affections épidémiques, pour lesquelles l'organisme infectieux n'est pas connu, mais qui doivent cependant être placées à côté des précédentes. Les symptômes signalés par les observateurs qui ont eu l'occasion de les constater ne laissent, en effet, presque aucun doute à cet égard.

a) **Charbon symptomatique.**— En 1757, une maladie épizootique fit de grands ravages dans les environs de la forêt de Crécy. Elle se manifesta sur tous les Animaux domestiques et fit périr le Poisson de plusieurs étangs.

M. DE CHAIGNEBRUN, auquel en est dû un compte rendu, la qualifie de « fièvre épidémique, contagieuse, inflammatoire, putride et gangreneuse ». Ces qualificatifs sont caractéristiques d'une affection microbienne.

C'est un médecin, CHAVASSIEU-DAUDEBERT [1], qui lui donna le nom de « charbon symptomatique ».

b) **Maladie à taches blanches de l'Anguille.** — LACÉPÈDE [2], dans sa dissertation « Des Effets de l'art de l'Homme sur la nature des Poissons », rapporte que l'Anguille (*Anguilla vulgaris* Yar.) est sujette, pendant les fortes chaleurs de l'été, à une affection contagieuse, caractérisée par l'apparition de taches blanches sur la peau. Elle se fait sentir dans les viviers de dimensions trop faibles pour le nombre d'animaux qui y sont conservés.

---

(1) Nosologie comparée.

(2) « Histoire naturelle des Quadrupèdes ovipares, des Serpents, des Poissons et des Cetaces », t II, pp. 134 et 260. Paris, Ledoux, 1845

On la combattait, en utilisant, comme remède, le sel et la plante nommée *Stratiotes aloides*.

c) **Maladie du Brochet des lacs suisses.**—Dans la deuxième quinzaine de mai 1886, une épidémie très meurtrière sévit sur le Brochet (*Esox lucius* L.) dans les lacs de Genève et de Thoune, frappant les animaux de toute taille, mais plus particulièrement les adultes, tant mâles que femelles, de 500 grammes et plus

Une nouvelle manifestation eut lieu un an après, dans le Léman seul, mais sur une moindre étendue que la première ; elle fut aussi moins violente.

Cette affection a été observée par le Docteur V. FATIO (1), et les Professeurs F.-A. FOREL (2) et H. BLANC (3), de Lausanne, ce dernier chargé d'une enquête par le Département fédéral de l'Intérieur.

Les Poissons malades étaient lents, paresseux, et venaient à la surface de l'eau, où ils restaient immobiles de longues heures; la mort survenait après plusieurs jours.

La peau des Brochets victimes de l'épidémie présentait de nombreuses taches floconneuses d'un blanc sale, à contours irréguliers, parfois confluentes ; parmi elles s'en rencontraient d'autres rougeâtres, sanguinolentes, où le derme était à nu. Les muscles des nageoires étaient rongés à leur base, et les branchies plus ou moins recouvertes d'un duvet grisâtre. Par contre, les organes internes ne présentaient aucune trace d'altération.

FOREL avait pensé que, comme pour le typhus de la Perche (4), il s'agissait d'une infection microbienne. Mais BLANC, ayant examiné soigneusement le sang et la rate des Poissons malades, n'y put trouver aucune Bactérie. Aussi conclut-il à une mort par asphyxie, due à l'envahissement des branchies par l'abondant mycélium de

(1) « Une maladie du Brochet » (*Archives des Sciences physiques et naturelles*, 15 janvier 1887).

(2) *Bulletin de la Société vaudoise des Sciences naturelles*, — t. XXII, n° 95, Genève, p. XXXVI ; — t. XXIII, n° 97, p. XXII. Lausanne, Rouge, 1887-1888.

(3) « Notice sur une mortalité exceptionnelle des Brochets du lac Léman en 1887 » (*Ibid.*, t. XXIII, n° 96, pp. 33-37).

(4) Voir ci-dessus, p. 76.

deux Oomycètes : *Saprolegnia ferax* (de Bary) et *Achlya prolifera* [de Bary] (1).

Il semble bien, toutefois, qu'on soit en présence d'une maladie tout à fait analogue à la peste du Saumon (2). Or, attribuée longtemps aux Champignons inférieurs, cette dernière a été reconnue récemment, par PATTERSON, comme réellement provoquée par un Bacille, dont l'action précède celle des Saprolégniacées, celles-ci ne s'ins-

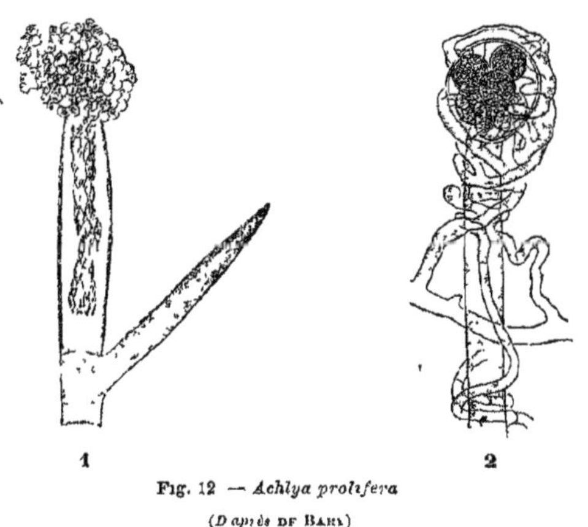

Fig. 12 — *Achlya prolifera*

(D'après DE BARY)

1, Sporange au moment de l'émission des spores ; — 2, Oogone avec six œufs
Grossissement : 150.

tallant que sur les tissus préalablement nécrosés. Il est donc très probable que l'hypothèse de FOREL était exacte, mais le germe pathogène, en raison peut-être de son extrême petitesse, aura échappé aux recherches.

Les divers auteurs sont d'accord pour attribuer à la maladie,

---

(1) La détermination fut faite par le Professeur SCHNETZLER, de Lausanne.

Les caractères de *Saprolegnia ferax* ont été donnés page 54 (note 2). *Achlya prolifera* appartient à la même sous-famille (Saprolégniées) et a aussi des sporanges en massue, contenant plusieurs rangées de spores, qui sortent toutes par la même ouverture, mais ses zoospores sont, au moment de l'émission, dépourvus de cils et immobiles ; aussi s'accumulent-ils en une petite masse sphérique près de l'orifice de sortie. Les oogones, ronds, a paroi lisse, fortement ponctuée, contiennent plusieurs œufs.

(2) Voir ci-dessus, p. 52.

comme cause première, des variations insolites dans les conditions atmosphériques au moment de la reproduction. Du fait de temps froids et pluvieux, les Brochets n'auront pu frayer normalement et se seront trouvés fatigués et prédisposés à l'infection.

Il a été reconnu que la chair des Poissons morts de l'épidémie pouvait être consommée sans inconvénients.

d) **Maladie des Carpes de Fontainebleau.** — Les célèbres Carpes (*Cyprinus carpio* L.) de l'étang de Fontainebleau ont été, à deux reprises, depuis une vingtaine d'années, éprouvées par de fortes mortalités.

En 1886, quatre cents gros Poissons périrent. Des observations furent faites à cette époque par M. ROUSSEAU, vétérinaire de l'École d'application de l'Artillerie et du Génie, qui les consigna dans un rapport adressé au Ministre des Beaux-Arts le 3 septembre 1886 (1). Il constata que les animaux malades présentaient des ecchymoses, qui sont un des symptômes les plus constants dans les infections bactériennes.

Une maladie de cette nature s'expliquait d'ailleurs tout naturellement par l'état de malpropreté de l'étang, qui n'avait pas été curé depuis 1868, et dans lequel se déversaient les eaux, hautement polluées, de l'hospice vétérinaire de l'École d'application.

En 1888, on construisit un canal conduisant ces eaux à l'égout collecteur de la ville, et un curage fut effectué.

Rien d'anormal ne se produisit alors jusqu'en 1901, où soixante grosses Carpes périrent.

Une enquête fut confiée, à ce moment, au Professeur Léon VAILLANT, du Muséum. Son rapport, du 18 septembre 1902, conclut à une mortalité conséquence de la misère physiologique des Poissons, due elle-même à la mauvaise disposition de l'étang et de ses abords. Il n'y aurait donc, cette fois, pas eu d'épidémie. Les animaux auraient succombé par suite du défaut d'aération de l'eau, la vase s'étant accu-

(1) Ce rapport, pas plus que celui du Professeur VAILLANT, dont il sera question un peu plus bas, n'ont été publiés. Nous devons de connaître la substance de ces deux documents à la grande obligeance de M. LEIDENFROST, Inspecteur du Palais national de Fontainebleau, grâce à l'aimable intervention de M. REUSS, Inspecteur des Eaux et Forêts.

mulée dans l'étang, non vidé depuis treize ans, tandis que les arbres des bords devenaient trop touffus.

e) **Maladie des Truites de Münsingen.** — En 1900, une épidémie se déclara sur la Truite (*Truta fario* Sieb.) dans un ruisseau près de Münsingen (Suisse). Il en mourut une quantité.

Un certain nombre de sujets furent envoyés au Docteur Studer, professeur à l'Institut zoologique de Berne, dont les observations firent la matière d'un rapport au Département cantonal des Domaines et Forêts (1).

Ces animaux avaient le corps gonflé, les branchies grisâtres et recouvertes d'un mucus glaireux ; l'intestin, à partir de l'insertion des appendices pyloriques jusqu'à l'iléon, était le siège d'une forte inflammation ; la rate était relativement très grosse.

Ces symptômes donnent à penser que les Truites avaient succombé à une infection bactérienne ; on trouvait d'ailleurs dans l'exsudat branchial des Bacilles doués de mobilité.

Toutefois, Studer, n'ayant pu examiner que des animaux ayant succombé depuis longtemps, n'a formulé aucune conclusion, faisant remarquer que les Microbes avaient pu se répandre dans l'organisme *post mortem* ; rien ne prouvait qu'ils fussent la cause de la maladie observée.

f) **Maladie des taches de l'Omble de ruisseau** (*Morbus maculosus Salvelini fontinalis*). — Fréquemment, en Allemagne (2), l'Omble de ruisseau (*Salvelinus fontinalis* Mitchill), plus connu sous le nom de Saumon de fontaine, est décimé par une affection très meurtrière, sévissant surtout au moment de la fraye ; ses manifestations réitérées ont amené plusieurs pisciculteurs à renoncer à l'élevage de ce Salmonide américain (3).

---

(1) Ce rapport n'a pas été publié, mais un extrait succinct figure dans un article de E. Vogel : « Die Seuche unter den Agoni des Lago di Lugano » (*Zeitschrift für Hygiene und Infektionskrankheiten*, t. XLIV, p. 288. Leipzig, von Veit, 1903). En outre, le Professeur Studer a bien voulu nous donner, par lettre, quelques renseignements complémentaires.

(2) La maladie des taches ne paraît pas avoir été, jusqu'ici, observée en France.

(3) « Die Fleckenkrankheit des Bachsaiblings » (*Allgemeine Fischerei-Zeitung*. Munich, numéro du 15 mars 1902).

Morbus maculosus Salvelini fontinalis. Maladie des taches de l'Omble de ruisseau

On l'appelle « maladie des taches », parce que, chez les Poissons atteints, l'épiderme se détache sur certains points, laissant le derme à nu. Il se forme ainsi des ulcères superficiels, plus ou moins étendus, à bords irréguliers et d'une couleur gris mat; ils ne tardent pas d'ordinaire a être recouverts d'un duvet de Saprolégniacées.

On observe en outre, chez les animaux présentant ces lésions, une violente inflammation de l'intestin (entérite); il suffit de presser légèrement leur abdomen pour faire sortir, par l'anus, un pus sanguinolent; on arrive même quelquefois à en provoquer l'écoulement simplement en tenant le sujet verticalement, la tête en haut.

Les Ombles malades nagent avec inquiétude et cherchent à sauter hors de l'eau. Ils succombent au bout de peu de jours.

Il paraît certain qu'on a affaire à une infection bactérienne, mais il n'a pas été possible, jusqu'ici, d'obtenir en culture pure le germe pathogène.

Quant à la cause première de la maladie, elle semble devoir, comme dans tous les cas semblables, être recherchée dans la pollution de l'eau, si souvent souillée, dans les bassins d'élevage, par des restes de nourriture qui se décomposent.

Mais ce ne sont là que des hypothèses; pour plausibles qu'elles soient, elles demandent à être vérifiées.

g) **Pustule rouge.** — M PEUPION [1] a signalé une affection observée principalement dans les étangs de l'Est de la France et d'Alsace-Lorraine, quelquefois aussi dans les cours d'eau, qui paraît frapper à peu près tous les Poissons. Les différentes espèces ne sont pas pareillement éprouvées; le Brochet commun (*Esox lucius* L.) et le Barbeau de rivière (*Barbus fluviatilis* Ag.) sont les plus atteints; viennent ensuite la Carpe commune (*Cyprinus carpio* L) et la Tanche commune (*Tinca vulgaris* C. & V.). La Perche de rivière (*Perca fluviatilis* L), le Carassin commun (*Carassius vulgaris* Nils.) et le Carassin doré (*Carassius auratus* L.) sont rarement attaqués,

[1] « Traité pratique de pisciculture », pp. 267-270. Nancy, Berger-Levrault et Cie, 1898.

enfin l'Anguille commune (*Anguilla vulgaris* Yar.) ne l'est que tout à fait exceptionnellement ([1]).

La maladie affecte surtout les sujets parvenus à peu près à la moitié de leur accroissement, et parfois ceux arrivés à une extrême vieillesse. Elle est caractérisée, — et de là son nom de « pustule rouge » ou « pustule vérolique », — par la formation de petites tumeurs au-dessous des écailles. Celles-ci se décolorent, se soulèvent et finalement tombent, laissant apparaître une petite turgescence sanguinolente qui, percée, donne issue à une gouttelette de sérosité roussâtre.

En se multipliant, ces pustules arrivent à faire perdre au Poisson la majeure partie de son revêtement; il est longtemps sans en paraître incommodé, mais finit cependant par dépérir et succomber.

La maladie, bien que fréquente, au moins dans la région de la Dombes (Ain), ne revêt jamais un caractère épidémique; on a constaté que dans les années où elle se manifeste avec le plus d'intensité, elle n'a frappé les Brochets, Carpes et Tanches que dans les proportions respectives de 13,2 °/₀, 4,3 °/₀ et 1,4 °/₀. Elle n'occasionne donc jamais grand préjudice aux pisciculteurs.

La formation de petites tumeurs sous-cutanées paraît indiquer une affection microbienne, mais la chose demanderait à être vérifiée. En tous cas, il sera prudent d'éliminer des élevages, quand on le pourra, les Poissons présentant des pustules.

Comme cause première de la maladie, Peupion a été conduit à incriminer les orages et les pluies diluviennes qui amènent aux étangs des trombes d'eau boueuse.

h) **Maladie à pustules du Goujon.** — D'après M. d'Audeville ([2]), une épidémie aurait sévi sur le Goujon de rivière (*Gobio fluviatilis* L.) au mois d'août 1893, dans les environs de Paris ([3]).

([1]) Est-ce bien la même maladie qui affecte toutes ces espèces? On peut en douter. Pour le Barbeau, le nom de « pustule rouge » désigne, dans la vallée du Rhône, la maladie des abcès (*vide infra*, p. 110). Aussi croyons-nous que l'affection décrite par Peupion doit être particulière aux étangs.

([2]) « Maladie du Goujon » (*Le Conseiller du Pêcheur*, n° 1, 5 août 1893. Paris, Colombier)

([3]) L'endroit où a été observée l'affection n'a pas été mentionné, mais il paraît hors de doute, en l'absence d'indication contraire, que ce devait être dans la capitale ou la banlieue.

Les Poissons atteints portaient des tumeurs assez grosses, semblables à celles qu'on observe chez l'Homme en cas de peste bubonique. Ils se laissaient capturer sans résistance, et d'autant plus facilement qu'ils étaient plus proches de leur fin. Après la mort, les pustules crevaient; on y trouvait, en les examinant avant leur ouverture naturelle, un pus renfermant une grande quantité de Microbes.

Si peu renseigné qu'on soit à son égard, on est pourtant amené à rapprocher cette maladie de la Micrococcose [1], qui, la même année, dans le Rhône, décimait également les Goujons. Elle était sans doute aussi une conséquence de l'été anormalement sec et chaud de 1893.

D'après tout ce qui précède, on connaîtrait donc, actuellement, vingt-trois maladies microbiennes des Poissons d'eau douce d'Europe, ayant le caractère d'une infection générale de l'organisme ; parmi celles-ci, huit sont insuffisamment caractérisées.

Il est à présumer qu'on en découvrira bien d'autres, car les recherches sérieuses en la matière viennent seulement de commencer. On sait déjà, d'après expériences faites en laboratoire, que certaines Bactéries aquatiques sont pathogènes pour le Poisson. On peut citer, par exemple, *Bacillus hydrophilus fuscus* (Sanarelli). Cette espèce ne paraît pas, jusqu'ici, avoir provoqué d'épidémie, mais il suffirait, pour qu'il s'en produisît, de certaines circonstances favorables.

Si, parmi les Microbes connus, il en est ainsi d'infectieux, combien ne doit-il pas s'en trouver parmi ceux, nombreux certainement, qui échappent à l'observation en raison de leur petitesse ?

Dans tous les cas, quand on observe, dans les eaux libres ou closes, des mortalités en masses, portant sur une seule espèce [2], il y a de

---

[1] *Vide supra*, pp. 9-11

[2] Quand on constate des mortalités en masses portant sur plusieurs espèces de Poissons, on n'a généralement pas affaire a une maladie. L'accident tient : — soit a un défaut d'aeration, qui se produit parfois à la suite des fortes chaleurs, ou, dans les étangs, après des froids prolongés, durant lesquels une croûte de glace empêche les échanges entre l'air et l'eau, — soit à un empoisonnement par des substances toxiques, jetées dans les rivières par les braconniers ou y deversées par des usines, des égouts, des routoirs.

grandes chances pour qu'il s'agisse d'une épidémie bactérienne, et on aura à cet égard une quasi-certitude quand on constatera, sur les victimes, les ecchymoses qui sont le symptôme le plus constant des maladies de cette nature.

II — MALADIES A SPOROZOAIRES

La plupart des épidémies frappant les Poissons d'eau douce sont des infections bactériennes, mais il en est quelques-unes ayant à peu près les mêmes allures, très répandues et meurtrières aussi, qui ont été attribuées à des Sporozoaires.

Les Sporozoaires sont des organismes monocellulaires, formant l'une des classes de l'embranchement des Protozoaires; ils sont tous endoparasites et caractérisés par l'absence d'appendices (cils, flagelles), de vésicule pulsatile et de vacuoles alimentaires.

Ceux qu'on rencontre chez les Poissons appartiennent soit à l'ordre des Coccidies, soit à celui des Myxosporidies.

Les premiers vivent à l'intérieur des cellules, sont peu nombreux (genres *Rhabdospora, Goussia, Coccidium*) et de faible importance [1].

Il n'en va pas de même des Myxosporidies, qui sont, par excellence, les Sporozoaires des Poissons [2]. Elles sont constamment extracellulaires et se présentent sous l'aspect d'amibes, de forme irrégulière, libres dans les cavités naturelles de l'hôte, ou de kystes logés dans les lacunes de ses tissus conjonctifs. Le protoplasma, granuleux, se différencie à la périphérie en une mince membrane hyaline, et on y distingue plusieurs noyaux.

---

(1) *Goussia minuta* (Thélohan) détermine cependant des tumeurs chez la Tanche.

(2) Quelques espèces se rencontrent pourtant aussi chez les Batraciens, les Arthropodes, les Bryozoaires et les Vers.

La nutrition et l'excrétion ont lieu par osmose, et la reproduction par spores. Cette dernière est typique, car elle n'est pas le fait d'un organisme parvenu au terme de son évolution, ou lui consacrant une phase particulière de son existence ; elle commence dès le début de la période d'accroissement et ne provoque aucun trouble dans les fonctions végétatives.

Le plus généralement, les choses se passent de la façon suivante : une partie du protoplasma s'isole autour d'un noyau en une petite

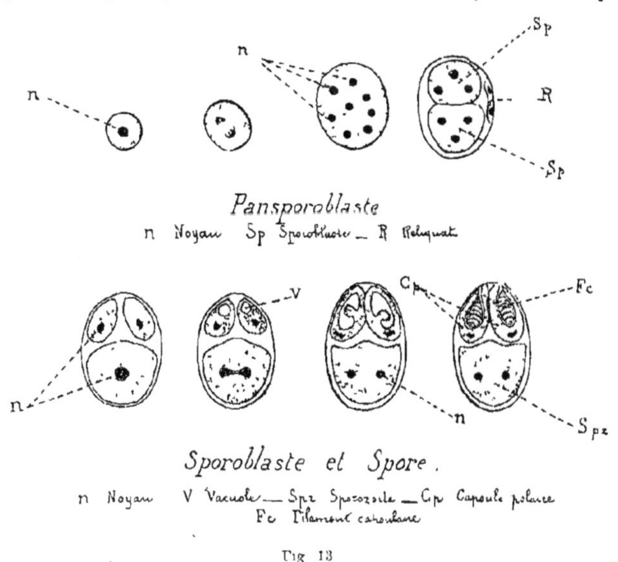

Fig 13

masse sphérique revêtue d'une mince membrane : le pansporoblaste. Le noyau, se fragmentant alors, en donne une dizaine de nouveaux, dont six s'agencent en deux groupes de trois, formant chacun un sporoblaste en s'entourant d'une portion du protoplasma que vient recouvrir une membrane; les autres constituent un reliquat. Chacun des trois noyaux ne tarde pas à s'individualiser et il y a division du sporoblaste en trois parties évoluant différemment pour aboutir à la formation de la spore La plus grosse, d'abord mono-, puis bi-nucléée, est la partie essentielle, le sporozoïte. Des deux autres, semblables et contiguës, dérivent les capsules polaires, corpuscules piriformes, réfringents, renfermant dans leur intérieur un long filament enroulé en spirale. Quant au reliquat, d'après des observations récentes de M. MERCIER (1), Maître de conférences à la Faculté des sciences de Nancy, il servirait à former la coque protectrice bivalve.

Les spores mûres une fois mises en liberté, — ce qui n'a lieu qu'après la mort de l'hôte pour les parasites enkystés en plein tissu, — flottent dans l'eau ou restent sur le fond jusqu'à ce qu'un Poisson les avale par hasard. Alors, sous l'influence des sucs digestifs, les capsules polaires décochent leurs filaments, qui s'accrochent aux villosités de la muqueuse intestinale; puis les valves de la coque s'ouvrent et le sporozoïte sort. Grâce à des mouvements amiboïdes, il traverse la paroi des viscères, gagne une place à sa convenance, s'y enkyste, multiplie ses noyaux et ne tarde pas à entrer en sporulation.

Les Myxosporidies sont nombreuses. M. LABBÉ (2), en 1899, signalait chez les Poissons d'eau douce les neuf genres : *Sphærospora, Leptotheca, Myxidium, Myxosoma, Chloromyxum, Myxobolus, Henneguya, Nosema, Plistophora,* avec une une trentaine d'espèces. On en a découvert un bon nombre d'autres depuis.

La plupart de ces Sporozoaires ont un lieu d'élection où ils s'installent uniquement, ou du moins presque exclusivement : branchies, cartilages, muscle, rein, vessie urinaire, ovaire, etc. ; ils déterminent des altérations purement locales. Certaines peuvent avoir de graves conséquences, c'est ainsi que *Branchiophaga alosicida* (Mazzarelli) provoque la pseudo-diphtérie, très meurtrière, des Aloses fintes du lac de Lugano (3), et que *Myxobolus chondrophagus* (Plehn) est la cause de la maladie du tournis à laquelle succombent, dans les éta-

---

(1) « Contribution à l'étude du développement des Spores chez *Myxobolus Pfeifferi* » (*Comptes rendus hebdomadaires des séances de la Société de Biologie,* 12e série, t. II, pp. 763-764. Paris, Masson, 1906).

(2) « Das Tierreich V », *Sporozoa*, pp. 84-114. Berlin, Friedlander, 1899.

(3) Les recherches postérieures à celles de VOGEL n'ont pas permis de retrouver chez les Aloses malades le *Bacterium coli commune,* qu'il avait considéré comme la cause de l'infection (*vide supra,* pp. 23-28)

blissements de pisciculture, beaucoup de Truites arc-en-ciel. Mais il n'y a pas à s'occuper ici de ces affections particulières à certains organes.

D'autres espèces de Myxosporidies se rencontrent indifféremment dans diverses parties du corps, infectant ainsi plus ou moins complètement l'organisme des Poissons. Elles appartiennent : — à la famille des Myxobolides, caractérisée par des spores ovoides ou ellipsoides aplaties, munies d'une ou deux capsules polaires toujours visibles à l'état frais sans réactifs, avec sporozoïte présentant une vacuole colorable en rouge brun par l'iode, — et au genre *Myxobolus,* chez lequel l'enveloppe de la spore ne présente pas de prolongement caudal.

C'est ainsi qu'on trouve :

1° *M. piriformis* (Thélohan), — dans les branchies, la rate et le rein de la Tanche (*Tinca vulgaris* C. & V.) ;

2° *M. ellipsoides* (Thélohan), — dans les branchies, la vessie natatoire, le foie, la rate et la cornée de la Tanche (*Tinca vulgaris* C. & V.) ;

3° *M. exiguus* (Thélohan), — dans les branchies, l'estomac, les cœcums pyloriques, le rein et la rate de plusieurs Muges (*Mugil chelo* C. & V., *M. capito* C. & V., *M. auratus* Risso.) ;

4° *M. oviformis* (Thélohan), — dans les nageoires, le rein et la rate du Goujon (*Gobio fluviatilis* L.).

5° *M. Mülleri* (Bütschli), — dans les branchies et les nageoires du Chevaine (*Squalius cephalus* Sieb.), le rein et l'ovaire du Vairon (*Phoxinus lævis* Ag.) ;

6° *M. Cyprini* (Hofer & Doflein), — dans le tissu conjonctif interstitiel, les cellules épithéliales, le foie, le rein et la rate de la Carpe (*Cyprinus carpio* L.) ;

7° *M. Pfeifferi* (Thélohan), — dans les muscles, l'intestin, le rein, la rate, l'ovaire, etc., du Barbeau (*Barbus fluviatilis* Ag.) [1].

Les cinq premières espèces ne paraissent pas dangereuses pour leurs hôtes, tout au moins n'a-t-on pas constaté jusqu'ici de troubles graves ou de mortalités qui puissent leur être imputées. Les deux dernières, au contraire, ont été considérées comme la cause d'af-

(1) On trouverait aussi cette espèce dans le névrilemme de l'Ombre commun (*Thymallus vexillifer* Nilsson).

fections redoutables qui, à certaines époques, se manifestent très meurtrières : la variole de la Carpe et la maladie à abcès du Barbeau.

Les conditions spéciales dans lesquelles se produisent ces épidémies ne sont pas suffisamment connues, non plus que le mode d'action nocive des parasites. La désagrégation des tissus où ils viennent à pulluler est-elle simplement due à un effet mécanique de compression ou d'extension ? Ne sécréteraient-ils pas plutôt des toxines à l'instar des Bactéries ? Ou enfin leur rôle ne se borne-t-il pas à préparer le terrain à d'autres germes réellement infectieux ? On l'ignore, et la chose est regrettable, mais n'a rien de très étonnant, les Myxosporidies n'étant connues que depuis peu, et leur étude présentant de nombreuses difficultés, surtout pour les espèces se rencontrant à l'état d'infiltration diffuse dans les tissus.

A l'œil nu, on peut seulement, en effet, soupçonner leur présence, car elles donnent lieu à de petites taches ou pustules blanchâtres tranchant, en général, sur les teintes avoisinantes. Mais des formations semblables sont parfois le fait d'autres parasites, Vers, par exemple.

L'examen sous le microscope de fragments d'organes dilacérés ou écrasés permet d'apercevoir les spores, mais c'est à peu près tout ce qu'il est loisible d'observer à l'état frais. Les Sporozoaires sont si inconsistants et délicats, qu'il n'y a pas à tenter de les isoler, aussi les recherches les concernant ne peuvent-elles être poursuivies que sur des coupes fines dont la préparation est fort longue et minutieuse.

Après avoir prélevé une portion des tissus infectés, on la soumet d'abord à l'action de fixateurs, destinés a conserver aux éléments leur forme, tels le sublimé acétique (1), le formol picracétique, les liquides de Barrel et de Flemming. Elle est ensuite lavée à l'eau distillée, déshydratée par passage dans une série d'alcools de plus en plus concentrés, et portée dans une capsule contenant de la paraffine liquide. Après avoir laissé refroidir, on découpe un prisme contenant la pièce à examiner et on le débite en tranches extrêmement minces au moyen d'un microtome. Ces tranches, collées sur lames

---

(1) Deux parties de solution saturée de sublimé pour une partie d'acide acétique au 1/10e.

de verre, sont trempées d'abord dans l'essence de térébenthine pour dissoudre la paraffine, puis dans une solution colorante qui varie suivant le mode de fixation et les détails d'organisation à mettre en particulière évidence. On emploie notamment l'hémalun, l'hématoxyline ferrique, le rouge Magenta, le picro-indigo-carmin, etc.

C'est seulement après avoir effectué toutes ces manipulations qu'on peut procéder à l'examen microscopique.

Si les organes infectés étaient bien frais et ont été traités de façon irréprochable, les Myxosporidies apparaissent, sur les coupes, avec les détails nécessaires à leur identification. A condition d'avoir des préparations suffisamment nombreuses et variées [1], on peut suivre les phases de la reproduction.

Veut-on aller plus loin et suivre l'évolution de ces Sporozoaires, les difficultés deviennent bientôt insurmontables. THÉLOHAN [2] a fait cependant d'intéressantes observations sur le mode de pénétration du parasite chez l'hôte. Il a reconnu que les spores introduites sous la peau, dans les muscles ou dans l'œil des Poissons n'y germent pas. Par contre, en les isolant dans une section d'intestin entre deux ligatures, ou mieux en les renfermant dans une enveloppe perméable (ouate, papier-filtre) introduite ensuite dans l'estomac, il a constaté la déhiscence des valves et la sortie du sporozoite. L'infection paraît donc se faire uniquement par les voies digestives [3].

Mais comment suivre ses progrès ultérieurs ? THÉLOHAN, ayant fait absorber par une Perche des kystes d'*Henneguya psorospermica* (Thélohan), a eu beau débiter en coupes fines l'intestin presque entier, il n'a pas retrouvé trace du parasite, et pourtant les excré-

---

(1) En particulier l'étude des spores, dont les parois se laissent difficilement traverser par les liquides, doit en général être faite sur des préparations différentes.

(2) « Recherches sur les Myxosporidies » (*Bulletin scientifique de la France et de la Belgique*, t. XXVI, Paris, 1894).

(3) Pourtant PASTEUR, dans ses recherches sur la pébrine, rapporte avoir inoculé des vers à soie sains par piqûre, au moyen d'une aiguille chargée de spores. — « Étude sur la maladie des vers à soie », Paris, 1870.

THÉLOHAN suppose que ces vers ont pu, par ailleurs, ingérer des spores (*loc. cit.*, p. 330).

PEUPION (*loc. cit.*, p. 290) relate aussi avoir reproduit la maladie du Barbeau par inoculation directe (*vide infra*, p. 114)

ments de l'animal renfermaient un assez grand nombre de spores vides, ayant germé, par conséquent. Même insuccès pour des essais d'infection par *Thelohania octospora* (Henneguy) tentés sur des Crevettes, le Sporozoaire introduit ne put être rencontré dans les muscles où il a son siège ordinaire.

Les recherches concernant les Myxosporidies sont donc plus ardues encore que celles relatives aux Bactéries, car on ne peut, comme ces dernières, les cultiver en milieux artificiels, ni provoquer des maladies expérimentales qu'on soit à même de suivre. Aussi n'est-il pas possible d'apprécier, quant à présent, leur rôle et leur importance en tant qu'organismes pathogènes.

Tout ce que l'on est à même de constater, c'est que les rares maladies [1] qui ont pu leur être attribuées se rapprochent beaucoup, par leurs allures épidémiques, leur vaste extension, les ravages causés, de celles d'origine microbienne. Toutefois, ces dernières sont de courte durée, les victimes, une fois infectées, succombent rapidement, ou bien ce sont les Bacilles qui se trouvent promptement détruits et la santé reconquise. Au contraire, l'évolution des Sporozoaires est lente ; une longue période peut s'écouler entre le moment où le parasite s'installe et celui où il s'est multiplié au point d'amener la mort de son hôte.

Par ailleurs, il n'y a pas de caractères communs aux deux maladies de la Carpe et du Barbeau dont il va être maintenant traité avec quelques détails.

1 — La Variole de la Carpe

Epithelioma papulosum

La variole est une maladie qui sévit dans les étangs, attaquant surtout la Carpe (*Cyprinus carpio* L.), mais occasionnellement aussi la

(1) Outre la variole de la Carpe et la maladie à abcès du Barbeau, il n'y a à signaler, comme imputable aux Myxosporidies, que la pébrine ou gattine des Vers à soie, affection bien connue des sériciculteurs. Elle est provoquee par le *Nosema Bombycis* (Nägeli), qu'on trouve dans tous les organes des Chenilles de *Bombyx mori* L. et *Gastropacha neustria* L.

Tanche (*Tinca vulgaris* C. & V.), qui lui est souvent associée dans les élevages [1]. Elle frappe les sujets de tout âge [2] et de tout sexe, aucune race ou variété n'étant indemne. On l'observe surtout dans les anciens étangs restant longtemps en eau, plus rarement dans ceux exploités rationnellement et mis à sec tous les ans.

Cette affection est connue de longue date, car Conrad GESSNER [3] en fait déjà mention dans un livre publié il y a trois siècles et demi, mais elle a pris une particulière et très vaste extension depuis une vingtaine d'années, en raison sans doute du développement du commerce des Poissons de repeuplement; des animaux malades ont été ainsi transportés au loin et avec eux le germe morbide. A l'heure actuelle, la variole s'est manifestée dans toutes les régions d'Allemagne ou d'Autriche [4] où se pratique l'élevage de la Carpe; elle est commune aussi dans l'Est de la France, où on la désigne sous le nom de « gale », et sévirait aussi dans le Loiret [5].

L'importance économique de cette maladie est considérable. Il y a des années où la moitié des sujets pêchés se trouve atteinte, et, dans les grandes exploitations, il s'agit souvent de plusieurs quintaux de Poissons subissant une dépréciation considérable. Ceux qui sont propres à la consommation ne trouvent en effet preneurs qu'à prix réduits [6]; quant aux alevins destinés à l'empoissonnement, on ne sau-

---

(1) PEUPION signale aussi le Brochet comme sujet a la variole, mais très rarement (*loc. cit.*, p. 283).

Il semblerait egalement, d'après une constatation faite à la Pisciculture de Bellefontaine, près Nancy, que des Truites mises en stabulation avec des Carpes variolees puissent contracter la maladie.

(2) A en croire toutefois PEUPION, les Carpes de un et deux ans seraient les plus éprouvees, celles plus âgées paraissant plus résistantes et devenant même indemnes, une fois atteint le poids de 3 kilos (*loc. cit.*, p. 281).

(3) « *Historiæ animalium*; Liber III, qui est *De Piscium aquatilium animantium natura* », p. 164. Tiguri, 1558.

(4) Cependant quelques petits districts, tel l'Aischgrund, entre Nuremberg et Bamberg. où on n'avait pas importé de Carpes étrangères depuis longtemps, étaient encore indemnes en 1902 (*Allgemeine Fischerei-Zeitung*, 1902, n° 2).

(5) CHANCEREL : « Note sur les etangs de l'Orléanais » (*Bulletin de la Société centrale d'Aquiculture et de Pêche*, 1907, n° 4, p. 102).

(6) La chair des Carpes variolées peut cependant être consommee sans inconvenient. et, quand les animaux n'ont pas encore subi l'amaigrissement qui se produit à la longue, elle n'a rien perdu de sa qualite.

rait en tirer parti. Le préjudice causé est donc toujours grave, et la variole constitue pour les aquiculteurs une véritable calamité.

Les premiers indices sont difficiles à apprécier, consistant en altérations peu importantes du revêtement cutané qui n'ont, d'ailleurs, rien de spécifique. Mais un peu plus tard, la maladie se laisse facile-

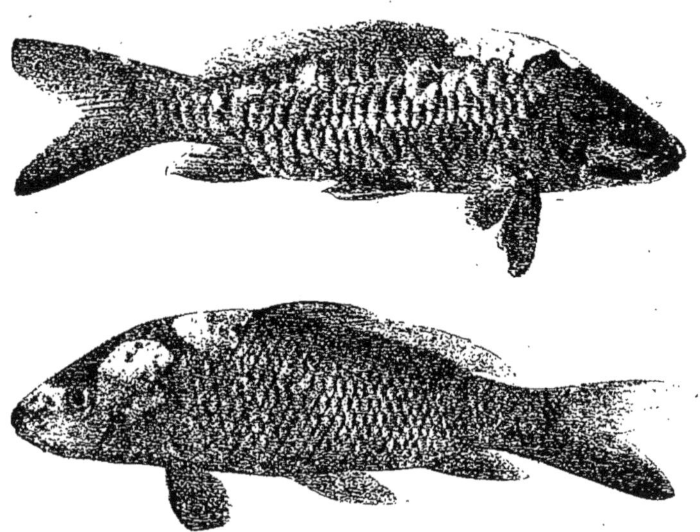

Fig. 14. — Carpes malades de la variole.
(*Photographies faites au Laboratoire de pisciculture de l'École nationale des Eaux et Forêts*).

ment diagnostiquer. Çà et là, sur des points très divers du corps du Poisson, mais plus particulièrement vers la tête et au bord des nageoires, apparaissent de petites taches arrondies, saillantes, de couleur opaline. Elles s'étendent ensuite plus ou moins rapidement, confluant fréquemment et augmentant en même temps d'épaisseur. Finalement, l'animal se présente couvert de plaques d'aspect gélatineux, faisant saillie de 1 à 2 millimètres, à contours irréguliers, à surface généralement lisse, parfois ridée. Au toucher, elles se montrent plus résistantes que les régions voisines, et de consistance semicartilagineuse. La teinte est normalement blanchâtre, mais peut se

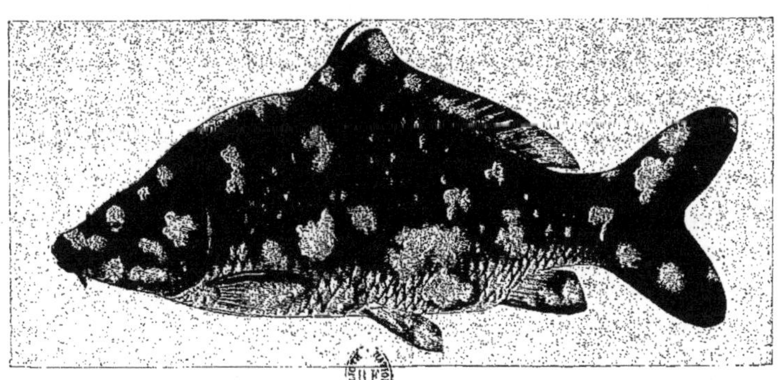

Epithelioma papulosum. Variole de la Carpe

trouver altérée par des traînées finement ramifiées de pigment noirâtre, ou encore par des épanchements sanguins. Si on cherche à enlever ces taches, comme le font les marchands, qui frottent avec une brosse ou un chiffon les Carpes variolées mises à leurs étalages, on les fait saigner fortement.

Quand la maladie suit son cours habituel, les plaques, une fois atteinte une certaine épaisseur, tombent naturellement, mais pour se reformer ensuite; il en va d'ailleurs de même pour celles enlevées artificiellement. D'après des constatations faites sur des sujets conservés en aquarium, il faudrait de six à huit semaines pour qu'une nouvelle tache se développe complètement à la place d'une ancienne. Mais en est-il de même dans les conditions naturelles? C'est ce qui n'est pas encore établi.

La perte de substance se produisant ainsi finit par affaiblir les individus malades qui, dans les débuts, ne paraissaient guère pâtir Souvent ils sont arrêtés dans leur croissance et maigrissent; l'œil s'enfonce alors dans l'orbite, et les nuances des écailles se foncent et s'altèrent; ceci fait dire, en Lorraine, que le Poisson est « rouillé ». Dans certains cas graves, il devient absolument étique et on observe des mortalités en masse.

Fréquemment aussi la maladie reste bénigne, et si les animaux se trouvent par ailleurs dans de bonnes conditions, et à même de s'alimenter copieusement, c'est à peine si leur développement se trouve entravé.

Il est très douteux que la Carpe variolée puisse se remettre. On a bien signalé des cas de guérison, mais ils n'étaient qu'apparents; jusqu'ici on n'a constaté de façon certaine aucun cas de complet rétablissement, et, s'il s'en produit, ce ne peut être que très exceptionnellement.

Pour arriver à connaître la cause de l'affection, il est tout indiqué d'examiner de près les taches qui la caractérisent. On les a crues quelquefois constituées par un Champignon. En y pratiquant des coupes, on constate, sous le microscope, qu'elles sont dues à une prolifération des cellules épithéliales, qui se sont considérablement multipliées. La couleur blanchâtre tient d'abord à l'augmentation d'épaisseur de l'épiderme, puis à un trouble qui se manifeste dans le protoplasma des cellules de la néoformation, où on observe d'ailleurs, çà et là, des leucocytes. Quand les plaques de variole ont atteint une certaine dimension, les vaisseaux du derme y envoient des ramifications capillaires, d'où épanchement de sang quand on les extirpe [1].

Suivant toutes les apparences, on se trouverait donc en présence d'une maladie cutanée, n'intéressant que le revêtement du corps; il semble qu'on doive trouver dans les taches le germe infectieux. Et pourtant toutes les recherches faites, dans cette voie, par différents auteurs n'ont eu aucun succès [2]. Le Professeur Hofer, entre autres, a soigneusement examiné, plusieurs années durant, des centaines de

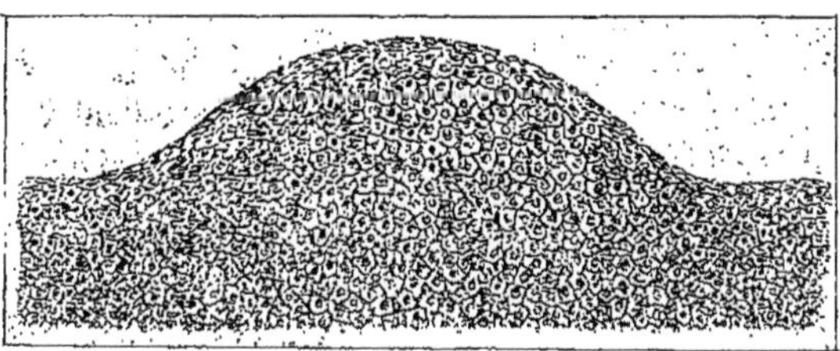

Fig. 15. — Coupe à travers une tache de variole, fortement grossie. (*D'après* Hofer)

sujets, cultivant en particulier diverses Bactéries recueillies sur les plaques sans arriver à trouver aucun organisme pathogène.

Ce résultat négatif conduisait à cette conclusion que la variole n'était pas, comme il semblait, une simple maladie de peau, mais qu'il devait s'agir d'une infection interne dont les altérations de l'épiderme ne constituaient qu'une manifestation secondaire.

---

[1] Wierzejski décrit au contraire les taches comme constituées par des expansions papilliformes du derme, l'épiderme ne concourant pas, ou seulement très accessoirement, à leur formation. S'il n'y a pas là erreur d'observation, cet auteur n'aurait pas eu affaire à la véritable variole — « Beitrag zur Kenntniss der sogenannten Pockenkrankheit der Karpfen » (*Mittheilungen des westpreussischen Fischerei-Vereins*, 1887, n° 8).

[2] Wittmack, « Beiträge zur Fischereistatistik des deutschen Reiches » (*Zirkulare des deutschen Fischerei-Vereins*, 1875, n° 1); — Wierzejski, *loc. cit.*; — Hofer (voir note suivante); — Henneguy, *in litt.*

De fait, les recherches persévérantes du Professeur Hofer l'amenèrent à découvrir en 1896, dans le rein des Carpes atteintes, et souvent aussi dans le foie et la rate, une espèce nouvelle de Myxosporidie (1). Étudiée par lui et le Professeur Doflein (2), elle reçut le

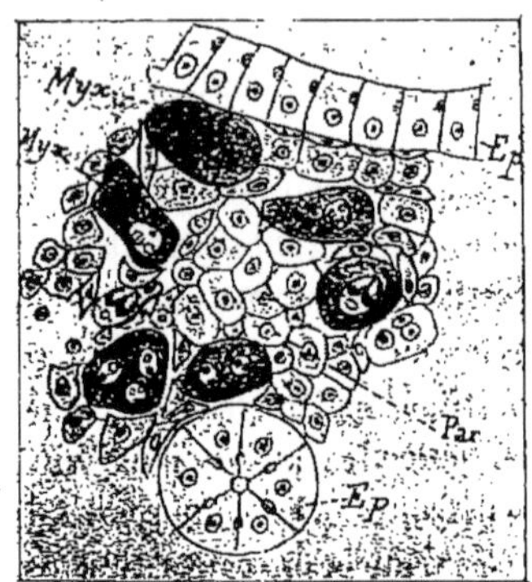

Fig. 16. — Coupe à travers le rein d'une Carpe parasitée par le *Myxobolus Cyprini*, fortement grossie.

(D'après Doflein)

Par, Parenchyme rénal ; *Ep*, Épithélium des canalicules urinaires ; *Myx*, *Myxobolus Cyprini*.

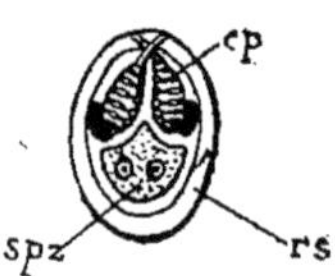

Fig. 17. — Spore de *Myxobolus Cyprini* très fortement grossie.

(D'après Hofer)

Spz, Sporozoïte ; *Cp*, Capsules polaires ; *Rs*, Rebord sutural.

nom de *Myxobolus Cyprini*. Elle se présente sous l'aspect d'amibes, de forme irrégulière et de dimensions variables, logés entre les cellules du parenchyme rénal et celles de l'épithélium des canalicules urinaires.

Les spores ont 10 à 12 et parfois 16 μ sur 8 à 11 μ, et les capsules polaires 5-6 μ sur 3 μ ; la coque possède un rebord sutural large de 1,5 μ.

On a signalé, à l'intérieur du parasite, des corpuscules jaunes, homogènes, fortement réfringents, le remplissant souvent à tel point qu'ils paraissent en avoir éliminé la substance fondamentale. La plupart du temps, on y aperçoit de fins granules d'un pigment dont la teinte varie du brun foncé au noir. Ces corpuscules, ont été consi-

---

(1) « Die sogenannte Pockenkrankheit des Karpfens » (*Allgemeine Fischerei-Zeitung*, 1896, nos 1 et 11) ; — « Ueber Fischkrankheiten » (*Zeitschrift für Fischerei*, 1896, fasc. VII) ; — « Ueber die Pockenkrankheit des Karpfens » (*Schriften des sächsischen Fischerei-Vereins*, 1901) ; — « Die Pockenkrankheit des Karpfens » (*Allgemeine Fischerei-Zeitung*, 1902, n° 2) ; — « Handbuch Fischkrankheiten », pp. 61-71. Munich, 1904.

(2) « Studien zur Naturgeschichte der Protozoen » (*Zoologisches Jahrbuch*, t. XI, 1889). — « Die Protozoen als Parasiten und Krankheitserreger », p. 197. Iéna, 1901.

dérés par Hofer comme caractéristiques du *Myxobolus Cyprini*, qu'ils permettraient de reconnaître au premier coup d'œil, même quand il n'a pas encore commencé à sporuler. Mais des recherches toutes récentes de M. Mercier [1], maître de conférences à la Faculté des sciences de Nancy, conduisent a les regarder comme des formations phagocytaires.

Fig 18. — *Myxobolus Cyprini* avec corpuscules jaunes, très fortement grossi.

(*D'après* Hofer)

Sp, Spores ; *Cj*, Corpuscules jaunes

Les parasites pullulent parfois à ce point que la plus grande partie du rein semble constituée par des Myxosporidies, les cellules entre lesquelles elles vivent ayant été détruites. On comprend que, dans ces cas d'infection grave, les fonctions rénales, et celles aussi du foie et de la rate ne peuvent plus s'exercer normalement, les substances qui devraient être éliminées restent en partie dans l'organisme, et il n'y aurait rien d'anormal à ce qu'elles aillent alors se déposer dans la peau. Celle des Poissons est peut-être a même de contribuer à l'excrétion, comme la chose a lieu chez les Animaux inférieurs, et de suppléer le rein en cas de maladie. N'en résulterait-il pas la prolifération abondante s'observant sur les taches de variole, qui ne constitueraient donc bien qu'une manifestation secondaire d'une affection parasitaire interne ?

La manière dont se propage le *Myxobolus* a été étudiée, en aquarium, par Hofer. Les déjections des sujets envahis contiennent des myriades de spores, provenant des glandes infectées, qui se disséminent et tombent sur le fond. Absorbées par les Poissons sains avec la nourriture, elles parviennent dans leur appareil digestif, s'ouvrent, laissant échapper le sporozoïte qui va de là s'installer dans un des organes et s'y multiplier. On ignore d'ailleurs comment s'effectue cette migration à travers le corps de l'hôte.

---

[1] Voir plus bas (page 129) la note additionnelle relatant sommairement les observations faites par M. Mercier.

Chaque animal parasité devient dangereux pour les autres, et dans les étangs l'affection est susceptible de prendre une rapide extension, si rien n'y fait obstacle, puisque, avec le nombre des individus malades croît, et dans des proportions considérables, celui des spores répandues dans les eaux.

Tout ce qui vient d'être exposé est certainement très séduisant, mais il est une chose qu'il importerait de mettre en évidence, c'est la nocuité du *Myxobolus Cyprini*. Il a été admis, lors de sa découverte, que ce Sporozoaire se rencontrait toujours chez les Poissons variolés, plus ou moins abondant suivant l'intensité de l'affection. Mais des recherches attentives ont montré qu'il n'en était pas ainsi. Le Professeur Fiebiger, de l'École vétérinaire supérieure de Vienne (¹), a fait connaître récemment qu'il ne lui avait pas toujours été possible d'établir la présence du parasite chez des Carpes présentant nettement les symptômes extérieurs de la variole, alors qu'il le trouvait, abondant, dans les organes d'animaux parfaitement sains en apparence. Même constatation a été faite, à peu près en même temps, par Mercier. Enfin, Hofer n'a pas tardé à reconnaître lui-même le défaut de parallélisme entre l'affection des reins et la prolifération des cellules épidermiques.

La preuve du rôle néfaste attribué au *Myxobolus Cyprini* est donc loin d'être faite. Tout semble même démontrer aujourd'hui que ce parasite, plus rare qu'on ne l'avait cru d'abord, est plutôt inoffensif. Il y a donc lieu de croire que la variole est provoquée par d'autres organismes, si minuscules que le microcospe n'a pu les déceler jusqu'ici. En tous cas, des recherches nouvelles et approfondies s'imposent.

Il serait nécessaire également d'être mieux renseigné sur les conditions dans lesquelles apparaissent et se propagent les épidémies. D'ordinaire, en effet, on ne les constate qu'au moment des pêches d'étangs, ou lorsque sont vidés les viviers d'hivernage; on ignore

(¹) « Fischkrankheiten » (*Stenographisches Protokoll über die Verhandlungen des internationalen Fischerei Kongresses Wien 1905*, p. 329. Wien, Fromme, 1907).

donc depuis combien de temps la variole exerce ses ravages et les circonstances où elle s'est manifestée.

Peupion croit toutefois pouvoir l'attribuer à une surabondance de Poissons dans un espace trop restreint, les effets fâcheux de cet excès de population se faisant sentir lors des fontes des neiges suivant les périodes de froid prolongé (1).

On a prétendu aussi que la maladie serait une conséquence des méthodes modernes d'élevage, et en particulier de l'alimentation artificielle de la Carpe. C'est là une opinion sans aucun fondement. Bien au contraire, la variole sévit particulièrement dans les étangs restant en eau constamment ou durant plusieurs années consécutives, comme la chose arrive en suivant les errements anciens, et en ne séparant pas les sujets de différents âges. C'est le cas également pour les réservoirs installés en amont d'usines hydrauliques, et qui ne peuvent être mis à sec sans qu'il en résulte un chômage.

L'affection ne paraît pas curable. Tant qu'on l'a crue uniquement cutanée, on a cherché des remèdes, tel le râclage des plaques, qui se détachent aussi, sous l'influence du mouvement de l'eau, quand les sujets variolés sont maintenus dans un courant assez fort. Mais, dans tous les cas, ces plaques se reforment par la suite ; on n'arrive donc jamais qu'à faire disparaître, et encore passagèrement, le symptôme extérieur de la maladie.

---

(1) Peupion cite ce fait qu'en 1894, ayant dû conserver dans un étang de peu d'étendue environ 500 000 Carpillons pesant 14 000 kilos, ceux-ci eurent à souffrir du froid, étant restés soixante-dix jours sous la glace ; il y eut, au dégel, fonte abondante des neiges. L'année suivante, on constata que ces Poissons étaient variolés dans la proportion de 10 % (*loc. cit.*, p. 282).

L'opinion de Peupion est contestée par M. Siff, Inspecteur des Eaux et Forêts à Verdun, propriétaire d'étangs dans la Meuse. Il a bien voulu nous écrire récemment à ce sujet, et d'après les constatations qu'il a été à même de faire, la maladie paraît particulière à certains étangs, dont les Carpes sont toujours plus ou moins galeuses, même après un assec et une mise en culture de plusieurs années. A son avis, la variole tiendrait principalement à la nature du sol et au défaut de profondeur, et serait liée à la surabondance de certaines plantes aquatiques ; cette exubérance de la végétation entraînerait la formation d'amas considérables de détritus, dont la décomposition exercerait une influence des plus nuisibles sur la santé du Poisson.

Si la variole a vraiment son siège dans le rein, on ne saurait naturellement la combattre, les moyens d'action faisant défaut.

Ceci ne veut pas dire qu'il n'y ait jamais guérison de l'infection par le *Myxobolus*. Les organes attaqués réagissent, en effet, en cherchant à former autour du parasite un kyste où il se trouve enfermé et mis hors d'état de nuire. Quand le mal n'est pas grave, son développement peut se trouver ainsi arrêté. Mais on ne voit pas le moyen de favoriser ce processus naturel.

S'il n'est pas question de lutter directement contre la variole, tout au moins y a-t-il des mesures à prendre pour enrayer sa propagation et prévenir son apparition.

Supposé qu'elle soit due à une Myxosporidie, on sait que les spores, après leur dissémination, se déposent avec la vase; or elles ne résistent pas à la dessiccation. Aussi sera-t-on conduit à laisser les étangs où a sévi la maladie à sec durant un certain temps, notamment pendant l'hiver, où l'action du froid concourt à la destruction des germes. Mais cela n'est pas suffisant, car il reste toujours des dépressions plus ou moins couvertes d'eau Aussi faut-il en outre désinfecter à la chaux vive, qu'on emploie à la dose de 25 à 30 quintaux par hectare. On la répand en poudre à la surface du terrain encore humide ([1]); elle se dissout, imprègne le sol et fait périr tous les organismes y contenus. Puis, absorbant l'acide carbonique de l'air, elle se transforme en carbonate inoffensif, et, au bout de quinze jours environ, on peut remettre en eau

Cet asséchement, suivi de désinfection, a toutes chances d'être efficace, même si la variole est due à un autre parasite que le *Myxobolus;* elle est donc recommandable même dans le doute où l'on est sur la nature exacte de la maladie.

Mais, dans les étangs ainsi traités, des épidémies sont encore à craindre si on vient à y introduire des animaux infectés. Les éleveurs doivent en conséquence apporter la plus grande attention au choix de leurs sujets d'empoissonnement. Il faut s'assurer qu'ils ne présentent sur le corps aucune trace de tache. Ceci n'est pas encore suffi-

([1]) On peut aussi, pour les petits etangs, faire une solution de chaux et la répandre sur le sol au moyen d'un arrosoir.

sant, puisque les premières altérations de l'épiderme échappent facilement à l'observation. Aussi le mieux est-il de ne s'adresser qu'à des fournisseurs sérieux, en exigeant d'eux cette garantie que les Poissons livrés soient absolument sains et exempts de variole. Elle peut être facilement donnée, car ceux qui pratiquent l'élevage sont à même de savoir exactement à quoi s'en tenir, et ceux qui font simplement le commerce connaissent bien les étangs où, lors des pêches, a été constatée la maladie.

2 — Maladie des abcès du Barbeau

Myxoboliasis tuberosa

Depuis une trentaine d'années, dans plusieurs rivières de France, d'Allemagne et de Belgique, le Barbeau commun (*Barbus fluviatilis* Ag.) a été décimé à maintes reprises par une maladie que caractérise la présence d'abcès sur le corps des sujets atteints. En Italie, elle a été observée aussi à une époque récente, mais sur le Barbeau plébéien (*Barbus plebeius* C. & V.).

Les épidémies ont toujours eu lieu pendant l'été, entre la mi-mai et la mi-septembre, mais avec une acuité très variable suivant les lieux et les années. Parfois les ravages causés ont été des plus considérables, les animaux périssaient en masse ; leurs corps, flottant par milliers à la surface des eaux, s'assemblaient ensuite, au gré du courant, en vastes amas dont la décomposition infectait l'atmosphère. Il fallait alors, dans l'intérêt de l'hygiène publique, recueillir et enfouir ces cadavres. A Mézières, en 1885-1886, on n'en enterrait pas moins de 100 kilogrammes par jour, de même à Flavigny-sur-Moselle en 1893-1895. On conçoit qu'après semblables mortalités, se renouvelant à intervalles rapprochés, le Barbeau ait presque complètement disparu de certains biefs.

Ce Poisson n'a pas toujours été le seul éprouvé ; sur quelques points, d'autres espèces ont aussi pâti : le Brochet commun (*Esox lucius* L.) et la Perche de rivière (*Perca fluviatilis* L.) dans le Rhin et la Moselle ; le Chevaine commun (*Squalius cephalus* Sieb.) dans le Neckar ; le Goujon de rivière (*Gobio fluviatilis* L.) dans la

Myxoboliasis tuberosa. Maladie des abcès du Barbeau

Vienne [1]; la Tanche commune (*Tinca vulgaris* C. & V.) dans le Rhône et la Saône. Mais ce sont là des cas exceptionnels et, normalement, la maladie des abcès est propre au Barbeau.

Elle attaque, d'ailleurs, les sujets de tout âge et de tout sexe ; c'est au moins ce qui résulte de l'ensemble des observations, car, dans le détail, celles-ci présentent d'appréciables divergences. Suivant les lieux et les circonstances, les mâles seraient favorisés par rapport aux femelles ou souffriraient tout autant ; tantôt les jeunes individus périraient en plus grand nombre que les adultes, et tantôt ce serait l'inverse.

Mais, il faut l'avouer, les données qu'on possède sur l'apparition et les allures des épidémies ne sont ni très complètes, ni peut-être très exactes. Les pêcheurs de profession en mesure de fournir des renseignements s'en montrent plutôt avares ; ils craignent de faire baisser les prix en avouant qu'une maladie règne sur les Poissons dont ils font commerce.

Aussi est-il difficile d'être fixé sur l'extension qu'a eue celle du Barbeau et d'indiquer, de manière précise, les sections de cours d'eau où elle a sévi, les dates et l'importance relative des diverses manifestations.

Pourtant, la littérature est abondante, il n'est même pas de sujet d'ichthyopathologie pour lequel elle soit aussi riche. Nombreux sont les auteurs ayant écrit sur la matière : Le Professeur DELCOMINÈTE [2],

---

(1) Il est toutefois douteux que la mortalité observée dans cette rivière, en 1893, soit due à la véritable maladie des abcès (*vide infra*, p. 109).

(2) « Rapport sur les causes de la maladie du Poisson dans la Meurthe pendant le mois de juillet 1881 » (*Rapports faits au Conseil central d'hygiène du département de Meurthe-et-Moselle* Nancy. Imprimerie lorraine, 1884).

Ce travail est le premier qui ait été publié sur la question, mais, antérieurement, le Docteur FELTZ, Professeur à la Faculté de médecine de Nancy, avait étudié la maladie du Barbeau et c'est à lui que doit être attribuée la découverte du germe infectieux, qu'il classait parmi les Grégarines Mais ses observations n'ont fait l'objet que d'une simple communication de M MACÉ à la Faculté des Sciences de Nancy, le 15 juillet 1881 Il en a été de même pour les résultats des recherches microscopiques effectuées à la même époque par M. LEMAIRE, également de Nancy (*Bulletin de la Société des Sciences de Nancy*, 2e série, t. II, pp. 25-26. — Nancy, Berger-Levrault et Cie, 1882).

de Nancy; MÉGNIN [1]; le Professeur RAILLET [2]; d'Alfort; LUDWIG [3], de Bonn; PFEIFFER [4]; THÉLOHAN [5]; FICKERT [6], le Professeur CHARRIN [7], de Paris; DOFLEIN [8]; le Professeur HOFER [9], de Munich; le Professeur STAZZI [10], de Milan; le Professeur JABOULAY [11] de Lyon. De plus, en France, les Agents des Eaux et Forêts ont procédé, en 1902, à une vaste enquête, prescrite par M. DAUBRÉE, Directeur général.

De tous ces documents [12] on arrive à extraire bon nombre d'observations intéressantes, consignées dans le tableau ci-après (pp. 107-109); mais il est facile de se rendre compte qu'elles présentent pas mal de lacunes.

---

(1) « Sur le rôle pathologique de certaines Psorospermies » (*Bulletin de la Société zoologique de France*, t. X, pp. 351-352. Paris, 1885). — « Épidémie sur les Barbeaux de la Meurthe » (*Comptes rendus hebdomadaires des séances de la Société de Biologie*, 8e série, t. XI, pp 416-447. Paris, 1885).

(2) « Maladie des Barbeaux causée par des Psorospermies » (*Bulletin et Mémoires de la Société centrale de Médecine vétérinaire*, t IV, pp. 134-137 Paris, 1886). — « Éléments de zoologie médicale et agricole », pp. 167-168. Paris, Asselin et Houzeau, 1886. — « La Maladie des Barbeaux de la Marne » (*Bulletin de la Société centrale d'Aquiculture et de Pêche*, t. II, pp. 117-120. Paris, 1890). — « Traité de zoologie médicale et agricole », pp. 158-159. Paris, Asselin et Houzeau, 1895.

(3) « Ueber Myxosporidienkrankheit der Barben in der Mosel » (*Jahresbericht des rheinischen Fischerei-Vereins*, pp 27-36. Bonn, 1888)

(4) « Die Protozoen als Krankheitserreger », 1re édition, 1890 — 2e édition, p. 100-105-110-134. Iéna, Fischer, 1891. — « Der Parasitismus des Epithelialcarcinoms. sowie des Sarko-, Mikro- und Myxosporidien im Muskelgewebe » (*Centralblatt für Bakteriologie und Parasitenkunde*, t. XIV, pp 118-120. Iéna).

(5) « Altérations du tissu musculaire dues a la présence des Myxosporidies et de Microbes chez le Barbeau » (*Comptes rendus hebdomadaires des séances de la Société de Biologie*, 9e série, t. V, pp. 267-270. Paris, 1893) — « Recherches sur les Myxosporidies » (*Bulletin scientifique de la France et de la Belgique*, t. XXVI, pp. 152-153, 162-163, 173-185, 215-216, 263, 288, 295, 297, 308, 325, 350. Paris, 1894).

(6) *Zeitschrift fur Fischerei*, 1895, p. 212.

(7) « Maladie myxosporidienne des Barbeaux « (*Comptes rendus hebdomadaires des séances de la Société de Biologie*, t V, pp. 1030-1031. Paris, 1898).

(8) « Studien zur Naturgeschichte der Protozoen; III, Ueber Myxosporidien » (*Zoologisches Jahrbuch*, t. XI, pp 281-350, 1898). — « Die Protozoen als Krankheitserreger », p. 193. Iéna, Fischer, 1901. — « Die Pathogenen Protozoen, Handbuch der pathogenen Mikroorganismen », t. I, p. 977, 1903 (En collaboration avec PROWAZEK).

(9) « Handbuch der Fischkrankheiten », pp. 71-79. Munich, Heller, 1904.

(10) « Psorospermosis o Myxobolinsis tuberosa dei Barbi (*Rivista mensile di pesca lacustre, fluviatile, marina*, t. I. Milan. 1906).

(11) Articles parus dans la *Province médicale*, Paris, en 1906 et 1908.

(12) Nous avons pu utiliser en outre quelques renseignements particuliers dont les plus importants sont dus a l'amabilité de M. DOUDOUX, Conducteur subdivisionnaire des Ponts et Chaussées, a Toul.

État des cours d'eau où a été observée la maladie des abcès

COURS D'EAU	LOCALITÉS	MANIFESTATIONS DIVERSES de l'affection	OBSERVATIONS
		Bassin du Rhin	
Rhin	Coblence	1888-1890. Plutôt bénigne	La Perche est attaquée.
Neckar, affluent de droite du Rhin.	Tubingue à Stuttgart	1894, 1895, 1906 (1).	Faciès particulier, pas d'abcès, les sujets atteints deviennent étiques. Le Chevaine est attaqué.
Moselle, affluent de droite du Rhin	Épinal à Neuvillers-sur-Moselle.	Paraît avoir commencé entre 1892 et 1898 suivant les localités, persiste ensuite avec variations annuelles d'intensité, mais toujours assez bénigne.	
	Neuvillers-sur-Moselle à Pont-Saint-Vincent	Début en 1884. Existe depuis à l'état endémique. Manifestations particulièrement aiguës et répétées. Mortalité énorme en 1893, presque égale en 1895, assez forte en 1901, forte en 1902.	Cette section est la plus éprouvée, le Barbeau a presque disparu.
	Pont-Saint-Vincent à Sexey-aux-Bois	Région paraissant à peu près indemne	Cette partie commence à l'embouchure du Madon, où le Barbeau, très commun, n'a jamais été malade.
	Sexey-aux-Bois à Aingeray.	Début en 1882. Période de croissance. Maximum d'intensité en 1884-1885. Diminution progressive. De 1894 à 1902 on pêche encore, chaque été, quelques Poissons malades, mais plus de mortalité. Depuis, tout semble terminé.	
	Aingeray à Pont-à-Mousson.	Région paraissant à peu près indemne.	
	Pont-à-Mousson à Metz.	Début vers 1882. Ravages considérables en 1885-1886. Depuis, manifestations répétées.	Le Barbeau a beaucoup diminué dans cette région.
	Metz à Coblence .	Début vers 1870. Réapparition en 1885. Mortalité effroyable en 1888-1889, moins forte en 1890. Sévit depuis à intervalles irréguliers, mais toujours assez rapprochés, et notamment en 1898.	Le Brochet et la Perche ont été attaqués en 1888-1890. Dépeuplement sensible pour le Barbeau.
Meurthe, affluent de droite de la Moselle.	Raon-l'Étape à Lunéville.	Paraît avoir commencé vers 1892 et avoir régné plusieurs fois, mais toujours bénigne.	
	Lunéville à Frouard.	Début en 1881. Période de croissance. Maximum d'intensité en 1883. En diminution depuis, mais avec recrudescence en 1898-1902.	

(1) Pressel, *Allgemeine Fischerei-Zeitung*, 1907, p. 95. Munich.

COURS D'EAU	LOCALITÉS	MANIFESTATIONS DIVERSES de l'affection	OBSERVATIONS
Seille, affluent de droite de la Moselle.	Bey à Arnaye . .	1902, très benigne	
Sarre, affluent de droite de la Moselle	Trèves	1890, peu intense	
Bassin de la Meuse			
Meuse . . .	Commercy à Verdun.	Debut en 1884, sévit depuis tous les ans. Intense jusqu'en 1891, diminue ensuite quelque peu, recrudescence vers 1896-1897. En 1902, mortalité faible, mais les trois quarts des Barbeaux sont malades.	Le Barbeau est sur le point de disparaître de cette region
	Verdun à Sedan . .	Debut en 1884. Intensité croissante jusqu'en 1891, décroissante de 1892 à 1898, forte en 1899 1900, presque nulle en 1901, de nouveau forte en 1902.	
	Sedan à Givet. . .	Début en 1883 Fortes mortalites de 1884 à 1886. Reapparition vers 1890 1892. Presque eteinte depuis 1898 En 1902, assez nombreux Barbeaux malades, mais ne périssant pas.	
Chiers, affluent de droite de la Meuse.	Sedan	Paraît sevir depuis 1890. Mortalités en 1899, 1900, 1902.	
Bassin de la Seine			
Seine	Nogent-sur-Seine.	Debut en 1882. Periode de decroissance. Recrudescence en 1894 Persiste depuis, mais n'a jamais été très violente.	
	Paris à Poissy. . .	Début vers 1889. Mortalite assez élevée en 1892-1893, moins forte en 1894	A partir de Poissy, les Barbeaux sont indemnes.
Aube, affluent de droite de la Seine.	Arcis-sur Aube .	Mêmes observations que pour la Seine à Nogent-sur-Seine.	
Yonne, affluent de gauche de la Seine.	Sens.	Début en 1888, persiste depuis, particulièrement grave en 1900-1902, ou la moitie des Barbeaux sont atteints et où le quart au moins succombent. Peu importante en 1902.	Facies un peu spécial Éruption de boutons rougeâtres sur tout le corps chez les gros Poissons, localisée à la tête et autour des ouïes chez les jeunes. Rubefaction tres vive autour de l'anus(1).

(1) Ce dernier symptôme est celui de l'entérite

COURS D'EAU	LOCALITÉS	MANIFESTATIONS DIVERSES de l'affection	OBSERVATIONS
Marne, affluent de droite de la Seine	Saint-Dizier	Vers 1887.	
	Vitry-le-François. .	Début vers 1883, intense jusqu'en 1885, décroît ensuite et disparaît même. Nouvelle apparition en 1892, violente encore en 1894, diminution progressive depuis, tout paraît terminé en 1902.	
	Joinville-le-Pont à Paris.	Mêmes observations que pour la Seine à Paris, mais ravages plus considérables que dans le fleuve.	
Saulx, affluent de droite de la Marne.	Vitry-le-François. .	Mêmes observations que pour la Marne à Vitry-le-François.	La maladie a sévi aussi dans la Chée, affluent de droite de la Saulx
Guenelle, affluent de gauche de la Marne.	Vitry-le-François. .	Mêmes observations que pour la Marne à Vitry-le-François.	
Aisne, affluent de gauche de l'Oise.	Sainte-Menehould .	1892-1894 assez intense. Tout paraît fini en 1902	La maladie a sévi aussi dans l'Antes, la Tourbe et la Dormoise, affluents de gauche de l'Aisne.
	Vouziers.	Règne de 1890 à 1892. Éteinte depuis 1897 Un seul cas de maladie, et encore douteux, en 1902	La maladie a sévi aussi dans l'Aire, affluent de droite de l'Aisne.
	Rethel.	Début en 1889, par ailleurs même marche qu'à Vouziers.	
		Bassin de la Loire	
Vienne, affluent de gauche de la Loire	Limoges.	1898	Les sujets atteints présentaient, sous la mâchoire inférieure, une tache de la grosseur d'un pois. La maladie, qui ne paraît pas avoir été celle des abcès, a attaqué le Goujon.
	Saint-Junien. . . .	1900 à 1902, bénigne.	
Briance, affluent de gauche de la Vienne.	Solignac.	Mortalité en masse en 1892-1893 Rien en 1894 ni depuis	
Creuse, affluent de droite de la Vienne.	Le Moutier-d'Ahun.	1896-1897. Éteinte en 1900	La maladie a sévi aussi dans la petite Creuse, affluent de droite de la Creuse. Il ne s'agissait peut-être pas de celle des abcès, les Poissons atteints présentaient des taches blanches près de la nageoire dorsale
		Bassin de la Garonne	
Garonne. . . .	Toulouse	1899-1900, peu intense.	La maladie a régné aussi dans les affluents des environs de Toulouse ([1]).

([1]) Le Professeur Roule, Directeur de la station d'hydrobiologie de Toulouse, a bien voulu m'écrire qu'il considérait comme des plus douteux que les Barbeaux de la Haute-Garonne aient eu à souffrir de la véritable maladie des abcès

COURS D'EAU	LOCALITÉS	MANIFESTATIONS DIVERSES de l'affection	OBSERVATIONS
Salat, affluent de droite de la Garonne.	Saint Girons. . . .	Faible mortalité en 1899-1900 Rien en 1902	Les Poissons atteints présentaient sur le dos des taches rouges, sur lesquelles les écailles tombaient, et qui se transformaient ensuite en plaies
	Salies-du-Salat . .	Quelques Barbeaux périssent en 1902.	
		Bassin du Rhône	
Rhône.	Lyon	Effroyable mortalité de 1894 à 1898	La maladie a attaqué la Tanche.
	Serrières à Saint-Vallier	Début en 1894, continue en 1896, cesse ensuite pour reapparaître en 1902, mais très bénigne.	L'affection, désignée sous le nom de « feu, pustule rouge, pustule vérolique », est caractérisée par la présence de petites tumeurs soulevant les écailles et les faisant tomber; les Poissons atteints sont finalement couverts de plaques rouges plus ou moins étendues
	Valence.	1898, assez grave.	
Saône, affluent de droite du Rhône.	Châtillon	Début en 1888, sévit depuis sans interruption, intense jusqu'en 1892, en décroissance ensuite Recrudescence de 1895 à 1897, puis nouvelle diminution Très faible en 1902	
	Auxonne . . .	1895 Rien en 1902	
	Lyon	Mêmes observations que pour le Rhône à Lyon	
Coney, affluent de gauche de la Saône.	Corre	Mêmes observations que pour la Saône à Chatillon.	
Oignon, affluent de gauche de la Saone	Villersexel. . .	1890, bénigne	
Isère, affluent de gauche du Rhône.	Grenoble	Unique Barbeau portant des abcès capturé en 1902	
	Romans	1898, grave.	
		Bassin du Pô	
Lambro, affluent de gauche du Pô.	Milan	1905.	

On voit que la maladie des abcès a surtout régné, en France, dans la région de l'Est, exerçant des ravages particulièrement importants dans la Moselle, la Meuse, la Marne, la Saône et le Rhône. Elle a peut-être gagné les contrées tributaires de la Loire et de la Garonne, et il est certain qu'elle s'est manifestée dans un affluent du Pô.

Quelles conclusions tirer des renseignements qui précèdent relativement à la marche de l'affection?

Sa première apparition a eu lieu dans les environs de Metz, il serait assez plausible d'admettre qu'elle s'est étendue de là dans les diverses directions, empruntant le canal de la Marne au Rhin pour atteindre les bassins de la Meuse et de la Seine (1), et le canal de l'Est pour pénétrer dans celui du Rhône. Mais que d'irrégularités dans cette progression !

Rien de semblable ici à ce qui a eu lieu pour la peste des Écrevisses, qui gagnait de proche en proche en dépeuplant les cours d'eau sur toute leur longueur. Les épidémies sur le Barbeau paraissent avoir été plutôt locales, certaines rivières ou sections de rivière étant ravagées, d'autres restant indemnes. Il est des observations assez probantes à cet égard, et si elles ne sont pas plus nombreuses, il ne faut vraiment pas s'en étonner. N'a-t-on pas dû souvent conclure que la maladie régnait en un point du fait qu'on y voyait des Poissons morts charriés par le courant? Mais ils pouvaient provenir d'assez loin en amont.

Il convient de remarquer aussi, outre certaines variabilités dans les symptômes et les allures de l'affection, que les années, soit de fortes mortalités, soit d'accalmie, ne sont pas les mêmes pour toutes les régions, voire pour tous les biefs d'un même cours d'eau (2); que le mal sévit tantôt au début, tantôt à la fin de l'été. Et tout ceci déroute quand on cherche à établir une relation entre les épidémies observées en divers endroits.

Aussi croyons-nous, en général, à leur indépendance réciproque; toutes sont imputables, sans doute, au même germe infectieux, mais en remontant aux causes premières, celles-ci doivent être distinctes d'un endroit à l'autre.

Le symptôme extérieur et caractéristique de la maladie, qui manque pourtant quelquefois, mais bien rarement, consiste en abcès.

---

(1) Il y aurait eu aussi passage de la Meuse à l'Aisne par le canal des Ardennes.

(2) Pourtant, d'une façon générale, 1887, 1891, 1903, 1904 paraissent avoir été des années d'intensité nulle ou minima.

Ceux-ci débutent par de petites saillies, à peine appréciables, apparaissant en un point quelconque, sur les parties latérales ou supérieures du corps des Poissons atteints. Il peut y en avoir de une à cinq, et même quelquefois plus, qui augmentent peu à peu de volume jusqu'à former des tumeurs, hémisphériques ou un peu allongées, dont la grosseur varie de celle d'une noix à celle d'un œuf.

La peau est fortement tendue sur ces emplacements, les écailles, soulevées, deviennent peu adhérentes et finissent par tomber. Le

Fig. 19. — Barbeaux portant des tumeurs et abcès.
(Photographies faites au Laboratoire de pisciculture de l'École nationale des Eaux et Forêts.)

derme, mis à nu, présente une teinte rougeâtre; il est souvent le siège de véritables ecchymoses.

Ces furoncles ne sont pas nettement limités, mais vont se confondant avec les parties voisines, elles-mêmes gonflées. Le corps tout entier peut se trouver affecté par l'œdème, les Barbeaux malades sont alors d'un poids bien inférieur à celui qu'on leur attribue d'après l'apparence extérieure.

En même temps que les tumeurs s'accroissent, leur consistance change et devient molle. Finalement, la peau se fend en un ou plusieurs points pour donner issue à un liquide sanieux, grisâtre ou jaunâtre, parfois sanguinolent, d'une odeur nauséabonde. Il en résulte la formation d'un ulcère profond, irrégulier, purulent, à fond d'aspect spongieux, à bords saillants et enflammés.

Les Poissons présentant ces symptômes perdent leur vivacité, abandonnent les courants où ils se plaisent d'ordinaire pour se retirer dans les endroits tranquilles. Leurs couleurs se ternissent, un mucus huileux recouvre les téguments, un amaigrissement notable se constate sur les parties où ne siègent pas les tumeurs. On voit ensuite les Barbeaux malades venir, en vacillant, à la surface de l'eau, avec des allures semblables à celles des animaux empoisonnés à la coque du Levant, puis flotter, couchés sur le flanc ou le ventre en l'air. Veut-on les saisir, ils reprennent leur position normale et s'enfoncent, mais cet effort est bientôt au-dessus de leurs forces, et on arrive à les prendre à la main. C'est le dernier stade et la mort ne tarde guère.

En ouvrant un cadavre, on trouve la chair molle, puante, de couleur jaune-paille. On peut rencontrer des tumeurs internes, non apparentes à l'extérieur, logées dans l'épaisseur des muscles ou faisant saillie dans la cavité abdominale. Les viscères sont fréquemment dégénérés, l'intestin présente parfois, en certains points, des épaississements qui l'obstruent presque complètement.

En examinant plus particulièrement les tumeurs, on se rend compte qu'elles ont leur siège dans la musculature; c'est seulement ensuite de leur développement que la peau se trouve intéressée.

Celles à leur début sont des kystes irréguliers, à paroi résistante, de couleur grise, renfermant une masse caséeuse d'un blanc jaunâtre qui, examinée au microscope, se montre constituée surtout par des spores de Myxosporidies; un furoncle de 2 centimètres de diamètre peut en contenir jusqu'à 2-3 milliards. Elles sont mélangées à de fins granules provenant des muscles décomposés ou du corps même du parasite.

Dans un abcès plus avancé, le contenu est un liquide où s'observent encore d'innombrables spores, une grande abondance de gouttelettes graisseuses, des débris de cellules, des globules sanguins plus ou moins altérés, des leucocytes, et enfin certains corpuscules jaune d'or, irréguliers et très réfringents. Quelques espèces de Bactéries pullulent dans ce pus.

Sur les ulcères ouverts, on rencontre les mêmes éléments, à ceci près que les Microbes deviennent aussi nombreux que variés, et qu'assez fréquemment on observe des filaments mycéliens de Saprolégniacées

Dès l'origine, les tumeurs du Barbeau contiennent donc toujours une Myxosporidie, à laquelle il semble bien qu'on doive attribuer leur formation. On la retrouve dans l'intestin, le foie, le rein, la rate, le péricarde et l'ovaire.

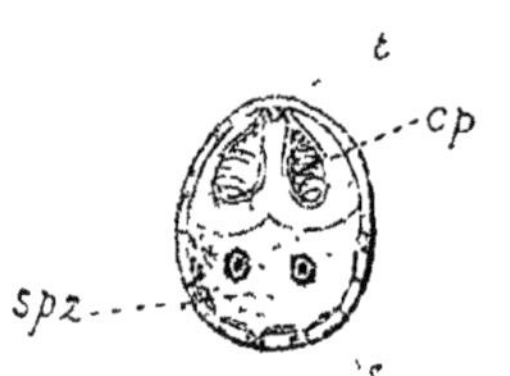

Fig. 20. — Spore de *Myxobolus Pfeifferi* état frais, forme normale.

(*D'après* PFEIFFER et THÉLOHAN)

spz, Sporozoïte ; *cp*, Capsules polaires ; *s*, Rebord sutural ; *t*, Appendice triangulaire répondant au point d'attache des capsules.

L'examen des spores, de forme ovoïde, à vacuole colorable par l'iode, permet de reconnaître le genre *Myxobolus*. Elles sont d'ailleurs petites (10-12 μ sur 12-14 μ environ), ovoïdes, à rebord sutural présentant quelques plissements ; on remarque, entre les capsules polaires, un petit appendice triangulaire [1].

THÉLOHAN a donné à l'espèce le nom de *Myxobolus Pfeifferi* ; c'est lui qui en a fait l'étude la plus complète et a déterminé les conditions dans lesquelles se forment et se développent les tumeurs.

Les spores mises en liberté, soit par ouverture naturelle des abcès, soit par décomposition des chairs après la mort de l'hôte, ne germent pas normalement dans l'eau, mais tombent telles quelles sur le fond. Les Barbeaux, qui y cherchent leur nourriture, en absorbent donc directement ; et quelquefois aussi indirectement avec les Vers ou Insectes limicoles constituant leurs proies. Ces derniers peuvent en effet, avec la vase, ingérer des spores, qui ne subissent pas d'altérations dans leur tube digestif. C'est seulement dans celui du Poisson qu'auraient lieu l'émission des filaments des capsules polaires, l'ouverture des valves et la mise en liberté du Sporozoïte. Par des mouvements amiboïdes, le parasite, traversant la paroi intestinale, irait ensuite s'enkyster sur quelque point du corps de l'hôte.

Il peut arriver aussi parfois que l'infection se fasse par des lésions de la peau. PEUPION [2] rapporte en effet avoir provoqué la forma-

---

[1] Il y a fréquemment des spores anormales, ayant, en particulier, plus de deux capsules polaires.

[2] « Traité pratique de pisciculture », p. 290. Nancy, Berger-Levrault et Cie, 1898.

tion des tumeurs caractéristiques sur des Poissons sains, en les piquant avec une aiguille humectée de pus d'abcès à *Myxobolus.*

Quoi qu'il en soit, c'est le plus souvent dans les muscles que s'installe le Sporozoaire, soit à l'intérieur des faisceaux primitifs, soit entre eux. Il s'y présente comme une petite masse protoplasmique, où se différencient bientôt deux régions : l'ectoplasme et l'endoplasme. Le premier forme le revêtement extérieur, et tantôt est épais de 5-7 μ, très fortement strié, à contour interne nettement tracé par une double ligne, tantôt a 1,5-4 μ seulement de largeur, une consistance hyaline et homogène, et une limite assez imprécise du côté de l'en-

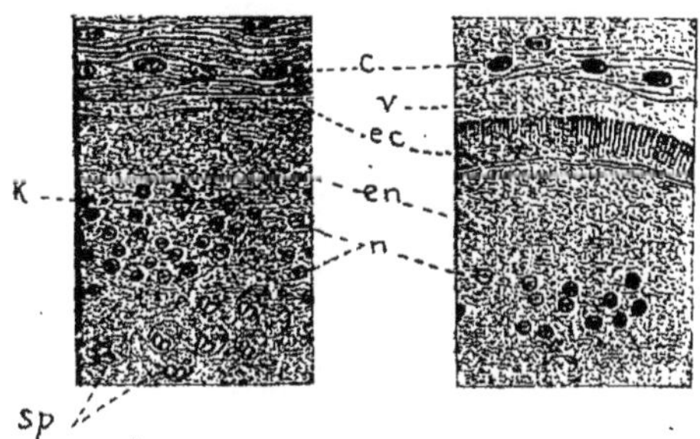

Fig. 21. — Deux aspects différents d'une portion de kyste.

(*D'après* Thélohan)

c, Paroi conjonctive de la loge; *v*, Espace vide; *ec*, Ectoplasma ; *en*, Endoplasma ; *n*, Noyaux ; *k*, Noyau en division karyokinétique; *sp*, Spores.

doplasme. Celui-ci est d'aspect granuleux ; on y distingue trois zones : l'une périphérique, formée uniquement de cytoplasme, la suivante renfermant des noyaux et des sporoblastes, la dernière constituée par un amas de spores (¹).

Au début, le *Myxobolus* ne cause pas de dommages apparents, ne provoque aucune inflammation. Mais, en s'accroissant, il refoule, par action mécanique, les éléments musculaires voisins et en provoque le gonflement et l'altération. Les faisceaux primitifs subissent, par

(¹) M. Mercier a observé que la formation des spores a pour base un phénomène de sexualité : il y a, au début de la constitution d'un sporoblaste, fusion de deux éléments cellulaires à noyaux inégaux. — « Phénomènes de sexualité chez *Myxobolus Pfeifferi* » (*Comptes rendus hebdomadaires des séances de la Société de Biologie*, 12ᵉ série, t. II, pp. 427-428. Paris, Masson, 1906).

places d'abord, puis dans toute leur longueur, une dégénérescence séreuse ; toute trace de striation disparaît et ils se fragmentent en blocs irréguliers, formés d'une substance homogène, d'aspect vitreux, fortement réfringente, présentant des réactions chimiques anormales. De nombreux corpuscules de couleur jaune se montrent fréquemment dans les régions ainsi attaquées.

Le mal gagne ensuite de proche en proche, et il se forme une tumeur à structure grossièrement aréolaire. Le tissu conjonctif reliant les faisceaux, ou périmysium, resté plus ou moins intact, forme en effet des sortes d'alvéoles remplis de débris musculaires et de Myxo-

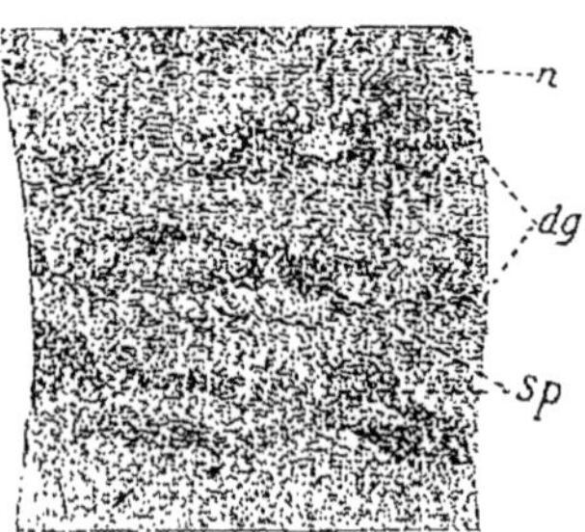

Fig. 22. — Faisceau primitif d'un muscle de Barbeau envahi par le *Myxobolus Pfeifferi*. (*D'après* Thélohan)

n, Portions ayant conservé l'aspect normal ; *dg*, Parties dégénérées présentant des spores, des masses vitreuses et des globules jaunes (parties foncées) ; *sp*, spores.

sporidies. Les spores pouvant germer dans l'intérieur des furoncles, comme le fait a été bien constaté par M. Mercier [1], la propagation de l'infection dans tout l'organisme du Barbeau a donc lieu très facilement.

Cependant, une réaction inflammatoire se produit dans les parties ainsi mortifiées ; de nombreux globules blancs, traversant les travées conjonctives, pénètrent dans les tissus musculaires nécrosés et s'y multiplient. La guérison du Poisson attaqué peut s'ensuivre. A mesure qu'augmente le nombre des leucocytes, celui des éléments dégénérés diminue ; ils sont éliminés par phagocytose. En même

[1] « Contribution à l'étude du développement des spores chez *Myxobolus Pfeifferi* » (*Comptes rendus hebdomadaires des séances de la Société de Biologie*, 12e série, t. II, pp. 763-764. Paris, Masson, 1906).

temps le périmysium s'épaissit, remplit les vides, et finalement la place

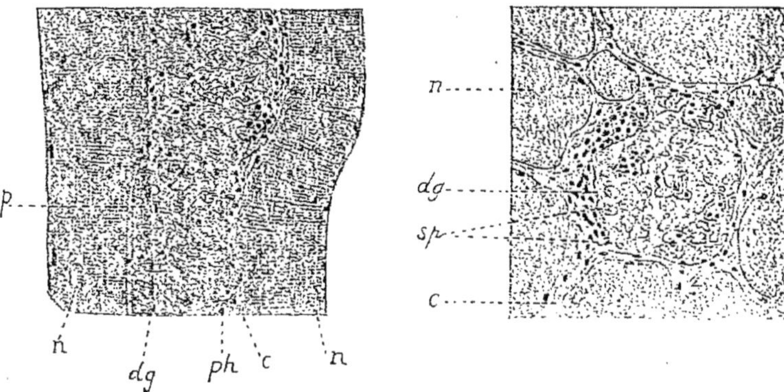

Fig. 23. — Faisceaux musculaires de Barbeau dont un est infesté par le *Myxobolus Pfeifferi*. *c*, Tissu conjonctif épaissi et infiltré de cellules ; *n*, Fibres normales ; *dg*, Parties dégénérées ; *ph*, Cellules phagocytaires ; *sp*, Spores.

précédemment occupée par les fibrilles l'est par le tissu conjonctif,

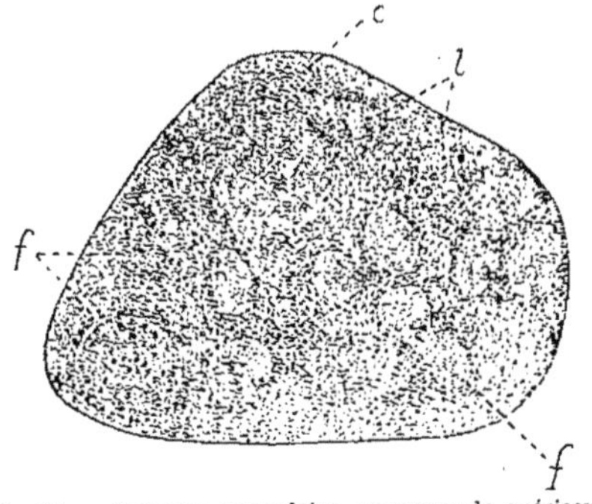

Fig. 24. — Faisceau musculaire, processus de guérison.

(*D'après* Thélohan)

l, Espaces résultant de la disparition du tissu musculaire ; *c*, Tissu conjonctif fibreux diminuant de plus en plus ces espaces autour desquels il se forme un anneau fibreux très dense (*f*).

qui englobe les amas de spores là où il s'en trouve. Le parasite ainsi enkysté est mis hors d'état de nuire ([1]).

([1]) Les sujets ayant pu se rétablir de la maladie des abcès deviendraient indemnes, d'après Peupion. En les piquant avec des aiguilles trempées dans le pus des tumeurs à *Myxobolus*, il ne se produirait que des pustules insignifiantes (*loc. cit.*, p. 290).

Mais ce processus régénératif, qui se manifesterait surtout dans les parties voisines des téguments, n'aboutit que très rarement chez le Barbeau à pareille cicatrisation des lésions. Presque toujours les tumeurs se transforment en abcès; il y a fonte puriforme des productions myxosporidiennes.

Ceci, toutefois, n'est plus le fait du *Myxobolus,* mais des Bactéries, dont la présence a été signalée dans les furoncles parvenus à un certain degré de développement.

THÉLOHAN y a surtout rencontré un très gros Bacille immobile ayant jusqu'à 7-8 µ de longueur, tantôt isolé, tantôt formant des colonies linéaires de quelques individus, facilement colorable par le bleu de méthylène, la fuchsine, la safranine et le violet de gentiane [1].

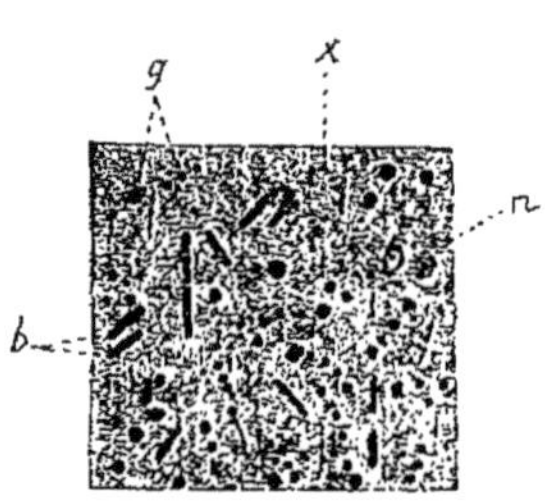

Fig. 25. — Portion d'une cloison conjonctive à la suite de l'invasion de Microbes. — Grossissement : 750. (*D'après* THÉLOHAN)

x, Substance granuleuse, résultant de la mortification du tissu par les Microbes; *b*, Bacilles; *n*, Noyaux encore reconnaissables; *g*, Globules colorables de nature indéterminée.

Il liquéfie rapidement la gélatine, donne sur gélose de grosses colonies d'un blanc un peu jaunâtre, prospère bien dans le bouillon.

Il est aérobie, car, ensemencé par piqûre, il se développe mal dans la profondeur du milieu nutritif.

Les cultures ont été faites à la température ordinaire.

Ce Microbe ne paraît pas pathogène pour les Mammifères, tout au moins l'injection de 5 centimètres cubes de culture pure ne détermine-t-elle, chez le Lapin, qu'un petit abcès sous-cutané au point d'inoculation.

Ces renseignements sont sommaires, ils le sont bien plus encore pour une sorte de *Micrococcus,* observé quelquefois, dont les éléments se présentent isolés, accolés deux à deux, ou réunis en chapelet.

---

[1] PFEIFFER indique que les Bacilles fourmillant dans les tumeurs sont mobiles et munis d'un flagellum (*loc. cit.*, p. 105). Peut-être a-t-il eu affaire à une autre espèce; en tous cas, ces caractères n'ont pu être observés par THÉLOHAN (*loc. cit.*, p. 180).

Thélohan n'a rencontré que ces deux espèces, tantôt ensemble, tantôt isolées ; elles ont leur siège, non seulement dans le pus, mais aussi dans les tissus limitant la cavité des tumeurs. C'est à ces organismes que doit être attribué leur ramollissement, car toutes les fois qu'on en constate la présence, la phagocytose demeure plus ou moins incomplète, la prolifération du périmysium est entravée, et les éléments musculaires et conjonctifs mortifiés, et pour ainsi dire digérés, sous l'action des sécrétions microbiennes, tombent en déliquescence.

Si la maladie des abcès tourne mal pour le Barbeau, c'est donc aux Bacilles que la chose est imputable ([1]). Ces derniers sont sans doute des germes dont la virulence, normalement faible ou même nulle, s'exalte passagèrement, mais notablement. Chez les Poissons, comme chez les Animaux supérieurs, une affection en appellerait ainsi une autre, les Myxosporidies prépareraient la voie aux Bactéries, fournissant à ces dernières l'occasion d'acquérir une énergie particulière, fatale à leur hôte.

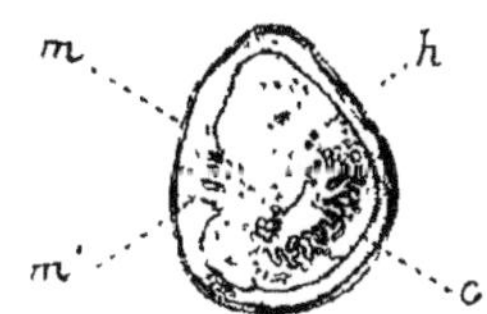

Fig. 26. — Coupe d'intestin de Barbeau envahi par le *Myxobolus Pfeifferi*. Grossissement : 4. (D'après Thélohan)

m, Tunique musculaire atteinte en *m'*; *h*, Hypertrophie de la paroi causée par le parasite; *c*, Cavité fortement réduite.

La présence du seul ***Myxobolus*** suffit cependant quelquefois pour que le Barbeau succombe. Il est des tumeurs se développant vers l'intérieur de la cavité viscérale, et en situation de comprimer un organe essentiel, le cœur, par exemple. De plus, le Sporozoaire s'installe assez fréquemment ailleurs que dans les muscles, et provoque dans certains cas des lésions graves. On l'a rencontré dans l'intestin, déterminant une prolifération abondante du tissu conjonctif, dont l'épaisseur se trouvait triplée, d'où occlusion du tube digestif. Le rein peut aussi

([1]) On peut se demander si les Microbes signalés par Pfeiffer et Thélohan à l'intérieur des abcès sont vraiment ceux déterminant la mort du Poisson. Sur les ulcères s'installent, en effet, de nombreuses autres espèces, susceptibles de jouer un rôle actif dans la mortification ultérieure des tissus. Mais il a été constaté que si le Barbeau ne survit guère à l'ouverture naturelle des tumeurs, celles-ci guérissent généralement quand on les incise auparavant. Il semble donc qu'il ne se produise pas d'infection secondaire dangereuse.

être infecté au point que son parenchyme, farci de spores, subit une véritable dissociation.

Mais ce sont là cas exceptionnels; à l'ordinaire, la maladie des abcès a un caractère mixte, les productions myxosporidiennes étant sensiblement influencées par les Bactéries provoquant le ramollissement, puis l'ulcération des tumeurs. C'est ce qui explique, d'ailleurs, certaines particularités, et spécialement l'influence des saisons (1).

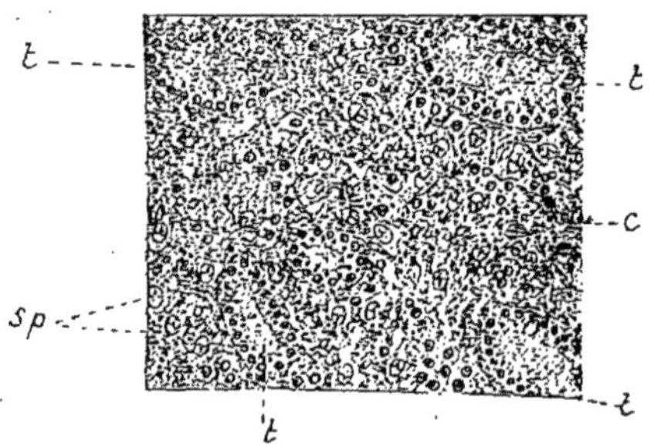

Fig. 27. — Infiltration du *Myxobolus Pfeifferi* dans le tissu conjonctif du rein (D'après Thélohan)

t, Tubes du rein (non altérés); c, Tissu conjonctif dissocié par les spores; sp, Spores.

On connaît donc, grâce surtout aux travaux de Thélohan, les organismes déterminant la formation des furoncles, on sait comment s'exerce leur nocuité. Ceci, toutefois, n'est pas suffisant, car il ne faut pas croire que les épidémies éclatent quand, dans un bief, se rencontrent la Myxosporidie et le Bacille des tumeurs. Le dernier serait, d'après Charrin (2), un des germes vulgaires de l'eau; quant au *Myxobolus*, il paraît extrêmement répandu, et Doflein l'a trouvé dans toutes les régions de l'Allemagne (3). Pour que le Barbeau vienne à être infecté, il faut donc qu'une prédisposition fâcheuse le livre en quelque sorte sans défense aux attaques des parasites.

Ce qui importe alors surtout, c'est la recherche des causes premières, originelles, de la maladie des abcès, c'est-à-dire de celles qui, affaiblissant le Poisson, le mettent en état de réceptivité vis-à-vis du Sporozoaire.

La tâche est facilitée par ce fait que les manifestations sont plutôt localisées et n'ont lieu qu'à une époque particulière de l'année.

(1) Thélohan a constaté que, en général, l'évolution des Myxosporidies ne dépendait aucunement des saisons (*loc. cit.*, p. 325).

(2) *Loc. cit.*, p. 1030.

(3) *Loc. cit.*, p. 193.

De l'enquête effectuée en 1902 par les Agents des Eaux et Forêts, il résulte que, dans les parties de rivière où ont été constatées des mortalités, on a généralement pu les attribuer, soit à une pollution, soit à des travaux de canalisation.

Parmi les Poissons de fond, peu difficiles en général sous le rapport de la qualité des eaux, le Barbeau est peut-être celui manifestant le plus d'exigences. Il n'habite que les rivières d'une certaine importance, et encore doivent-elles rester ce que la nature les a faites. Si les conditions d'existence viennent à y subir des modifications quelque peu notables, cette espèce, plus qu'une autre, en pâtit et se trouve exposée aux infections.

Il est donc tout naturel que la maladie des abcès se manifeste dans les sections plus ou moins empoisonnées par les égouts des villes et les résidus d'usines, comme cela a été observé, entre autres, pour plusieurs endroits du cours de la Seine, de l'Yonne, de la Marne, de la Meurthe.

Pour cette dernière rivière, des analyses faites à la Station agronomique de l'Est, et concernant la partie comprise entre Lunéville et Nancy, mettent bien en évidence la pollution de l'eau dans le voisinage des agglomérations et des établissements industriels.

Une première série de recherches a été effectuée entre le 10 juin et le 30 novembre 1898.

PRISES D'ÉCHANTILLON		DEGRÉ hydrotimétrique		TENEUR, en milligrammes par litre			OBSERVATIONS
Lieu	Nombre	Total	Permanent	Matières organiques	Chaux	Chlore	
Rosières-aux-Salines nº 1	5	10,5	17,5	70	48	17	Avant la première soudière, mais la Meurthe a déjà reçu les résidus de nombreuses papeteries, féculeries, les égouts de Lunéville, etc.
Rosières-aux-Salines nº 2.	5	9	6	74	31	21	
Rosières aux-Salines nº 3.	10	29,5	24	65	131	208	Après la première soudière.
Art-sur-Meurthe . .	18	42	36	76	198	383	Immédiatement après la dernière soudière
Jarville	18	39	33	74	181	314	Hauts fourneaux, égout, féculerie.
Nancy nº 1 (Tomblaine).	1	29	24	63	128	177	
Nancy nº 2 (pont d'Essey).	15	37,5	31,5	57	184	339	
Nancy nº 3 (pont de Malzeville).	1	60	55	89	313	53	Égouts de Nancy.

D'autres dosages ont été effectués en 1900, tous les prélèvements ayant été opérés le même jour, le 16 septembre.

LIEU des prises d'échantillon		TENEUR en milligrammes par litre (1)			OBSERVATIONS
		Matières organiques	Chaux	Chlore	
Rosières-aux-Salines, Varangeville.	n° 1.	99	67	49	Avant la première soudière.
	n° 2.	122	224	312	Région des soudières.
	n° 3.	103	459	958	
	n° 4.	138	212	483	
	n° 5.	144	224	518	
Art-sur-Meurthe	n° 1.	138	414	653	En amont } du confluent de la rigole d'évacuation
	n° 2	312	649	1 271	En aval } de la soudière de la Madeleine.
Laneuveville-devant-Nancy	n° 1.	125	448	887	
	n° 2	133	392	887	
Jarville . . .	n° 1.	105	392	824	
	n° 2.	87	347	345	A 100m en amont } du confluent de la rigole d'évacuation des hauts fourneaux.
	n° 3.	100	212	629	A 100m en aval }
	n° 4.	130	302	468	A 100m en amont } du point de déversement de l'égout de Jarville
	n° 5.	158	436	660	A 100m en aval }
Nancy.	n° 1.	119	403	781	En amont } du point de déversement de l'égout de Nancy.
	n° 2.	475	358	781	A 100m en aval }
	n° 3.	98	425	852	A 10m en aval de l'égout de Malzéville
	n° 4.	100	425	866	A 100m en amont } du pont de Malzéville.
	n° 5.	138	302	802	A 80m en aval }
	n° 6.	94	414	837	A 100m en aval du confluent de la rigole d'evacuation de la tannerie Luc.

(1) Il y a en outre, dans tous les postes, traces d'ammoniaque (fortes), d'acide sulfurique et d'acide azotique.

Ajoutons à ces analyses le résultat d'un dosage de l'oxygène dissous effectué le 15 juillet 1901 sur un échantillon puisé au pont de Malzéville ; la teneur de cette eau n'était que de 2 centimètres cubes par litre. C'est, d'après KNAUTHE (1), le minimum dont puisse, et encore passagèrement, se contenter la Carpe, espèce peu exigeante.

Tous ces chiffres sont édifiants ; ils montrent que le Barbeau ne peut guère prospérer sur le cours inférieur de la Meurthe. Comment donc s'étonner que la maladie des abcès y ait exercé, à maintes reprises, d'importants ravages ?

(1) « Der Kreislauf der Gase in unseren Gewässern » (*Biologisches Centralblatt*, 1898, p. 785).

Les travaux de canalisation apportent au régime fluvial des modifications dont les conséquences sont les mêmes que celles de la pollution.

Souvent le trouble ne consiste qu'en un emprunt à une rivière pour l'alimentation de canaux latéraux ou de jonction. Il en résulte, en aval du barrage de dérivation, une diminution du débit parfois considérable ; la forme du lit cesse d'être en rapport avec ce débit, sa largeur devient exagérée. L'eau s'y étale en couche peu épaisse, avec une vitesse d'écoulement ralentie ; sa température s'élève et sa teneur en oxygène diminue ; en outre, des dépôts de vase se produisent qui sont le siège de phénomènes de décomposition. De là, surtout lors des périodes de sécheresse, des conditions tout à fait défavorables pour le Barbeau.

Dans certains cas, la navigation s'effectue sur la rivière même, préalablement canalisée ; la situation n'est pas beaucoup meilleure pour le Poisson. Les barrages mettent obstacle à sa libre circulation, et rompent en même temps le courant. En plus du ralentissement, ce dernier subit une régularisation du fait de la rectification du fond et des berges, qu'on nivelle et taille de façon géométrique. Aussi plus de ces remous où la gent aquatique aime à se jouer à côté de coins calmes où elle se livre au repos, plus de hauts-fonds à eaux tièdes non loin de parties creuses et fraîches, plus d'abris, plus de retraites, partout une uniformité regrettable, et partant pauvreté de la Flore et de la Faune.

C'est un fait bien constaté, en particulier sur la Moselle, la Meuse, l'Yonne, la Saône, que la maladie des abcès a fait son apparition, ou du moins s'est manifestée avec une violence inconnue auparavant, à la suite de grands travaux de canalisation. Là où le régime des cours d'eau a subi des perturbations profondes et permanentes, les épidémies sont annuelles et le Barbeau a presque disparu.

Il en est ainsi pour la Moselle entre Flavigny et Pont-Saint-Vincent. Quand elle arrive à la première de ces localités, son débit est déjà relativement faible, car elle n'a reçu depuis longtemps aucun tributaire important, mais alimenté au contraire le canal de l'Est à Blainville et à Charmes. Or, près de Flavigny prend naissance la rigole alimentant le canal latéral sur 10^{km}800 et l'embranchement de jonction avec le canal de la Marne au Rhin, long de 10^{km}200; elle enlève 4000 litres par seconde. Un peu en aval, l'usine élévatoire de Messein refoule sur Nancy environ 380 litres par seconde. Après de semblables emprunts, le lit est presque asséché jusqu'à Pont-Saint-Vincent, où le Madon y déverse 5000 litres par seconde à l'étiage. La maladie des abcès, qui a à peu près dépeuplé la Moselle en amont du confluent, est inconnue dans le tributaire; elle est donc bien imputable, pour cette région, aux travaux de canalisation. Et il en est d'autres exemples (1).

Les causes déterminant la localisation de l'affection dans certains biefs étant ainsi mises en lumière, reste à se demander pourquoi elle ne sévit qu'à une certaine saison, entre la mi-mai et la mi-septembre.

Durant cette période de quatre mois, on a constaté que les épidémies éclataient quand la température avait été trop basse au début de l'été, ou quand elle était devenue excessive au moment de la canicule. Les deux choses peuvent advenir la même année; les ravages sont alors particulièrement intenses.

Il est facile d'expliquer comment ces excès, de sens différent, ont semblables effets nuisibles.

Le Barbeau se reproduit, normalement, à la fin du printemps. Mais si les conditions thermiques sont défavorables et notamment quand une période froide survient, à la fin de mai, après des chaleurs au début, la fraye est arrêtée. Les reproducteurs en sont fortement éprouvés, surtout les femelles, qui quelquefois, au mois d'août, sont encore chargées de leurs œufs. Souvent ceux-ci s'altèrent et se décomposent, d'où inflammation des organes génitaux, mais dans tous les cas la rétention des produits sexuels apporte un trouble

(1) A Toul, la maladie des abcès a sévi aussi avec violence. Or, en amont de cette ville, les usines élévatoires de Valcourt et Pierre-la-Treiche empruntent à la Moselle 1000 litres par seconde pour l'alimentation du canal de la Marne au Rhin dans la traversée de l'Argonne. La rivière alimente aussi le canal entre Toul et Nancy sur 31 kilomètres. Elle reçoit enfin les égouts de la ville et des casernes de Toul, par l'Ingressin, ruisseau débitant 46 litres seulement par seconde à l'étiage, et pollué à ce point qu'il n'y existe plus aucun Poisson sur les trois derniers kilomètres de son cours.

sérieux dans la santé du Poisson et l'expose à l'infection par les Sporozoaires ou les Bactéries (1).

Une semblable prédisposition, même après que la ponte s'est bien effectuée, peut être la conséquence des chaleurs du milieu de l'été. Elles entraînent une baisse souvent considérable des rivières (2), dont les eaux en même temps s'échauffent et deviennent pauvres en oxygène. On a déjà signalé les inconvénients de cet état de choses pour le Barbeau; ils deviennent graves, et des épidémies se produisent, quand la température est excessive et la sécheresse persistante.

Pour résumer tout ce qui vient d'être exposé, on peut donc dire que les organismes déterminant, soit la formation, soit l'ulcération des tumeurs, dans la maladie des abcès, sont partout répandus dans les eaux. Tant que le Poisson se trouve dans les conditions naturelles, il prospère et n'a rien à redouter des germes pathogènes, capable qu'il est de réagir vigoureusement contre leurs attaques. Mais il est fâcheusement influencé si on vient, sur un point, à exécuter des travaux de canalisation, ou à évacuer d'une façon continue des résidus industriels ou autres; il y a diminution de ses moyens de défense contre les parasites. Qu'en plus les conditions thermiques deviennent défavorables, sa force de résistance finit par être annihilée, et le *Myxobolus* d'abord, les Bactéries ensuite, ont beau jeu de pulluler dans ses muscles et ses viscères.

De la connaissance des causes de la maladie des Barbeaux doit se déduire celle des moyens de la combattre.

Pour la prévenir, il faudrait donc que le régime naturel des

---

(1) Dans certaines localités, il est admis couramment par les pêcheurs que ce sont les produits sexuels non émis normalement qui vont s'accumuler sous la peau et former les tumeurs!

(2) Cette baisse est surtout sensible dans les bassins fluviaux dont le sol est imperméable, les eaux météoriques s'écoulant alors à la surface immédiatement après leur chute. Elle est sensiblement atténuée sur les terrains filtrants où existent des sources.

rivières ne soit pas troublé et qu'on ne les souille pas comme à plaisir.

Il n'est certes pas possible, si dommageable que ce soit pour l'aquiculture, de proscrire les travaux de canalisation; les voies navigables sont indispensables au commerce, et plus le réseau en sera étendu, mieux cela vaudra. Leur création entraîne fatalement un certain dépeuplement; il en faut prendre son parti.

Mais il y aurait vraiment quelque chose à faire pour enrayer la pollution des eaux courantes, les moyens d'épuration ne manquant pas qui permettraient de retenir au moins une grande partie des impuretés qu'on y évacue. Une interdiction sévère des déversements nuisibles s'impose, celle édictée par la loi actuellement en vigueur [1] étant notoirement insuffisante. Le Congrès national d'Aquiculture, qui s'est tenu à Paris en octobre 1904, a émis à ce sujet un vœu dont il ne paraît pas inutile de rappeler les termes. Il demande :

« 1° Que la réglementation, en ce qui concerne les substances de nature à enivrer le Poisson ou à le détruire, soit précisée de façon à ce qu'une liste, non restrictive d'ailleurs, soit dressée de celles dont l'action nuisible est bien établie, faisant connaître pour chacune le degré de dilution [2] à partir duquel elle présente des inconvénients pour la population des rivières;

« 2° Que l'efficacité des prohibitions édictées soit assurée par des sanctions pénales suffisantes, celles portées par la loi du 15 avril 1829 devenant, par exemple, applicables, quelle que soit l'autorité administrative chargée d'établir la réglementation en la matière [3]. »

Il serait vivement à souhaiter que ces desiderata fussent pris en considération.

Quand des épidémies se produisent, il est indispensable que les Bar-

---

[1] Article 25 de la loi du 15 août 1829.

[2] Le terme propre eût été : concentration.

[3] Voir au sujet de ce vœu et des suites qu'il comporte : « L'Assainissement des rivières et les vœux du Congrès d'aquiculture d'octobre 1904 » (*Bulletin de la Société centrale d'Aquiculture et de Pêche*, t. XVII, pp. 49-75. Paris, 1905). — « L'Assainissement des rivières » (*Ibid.*, t. XVIII, pp. 3-15, 73-80, 97-104, 129-144, 161-175. Paris, 1906).

beaux morts ou mourants venant flotter à la surface des eaux soient recueillis et enterrés loin des rives. On lutte ainsi, dans une certaine mesure, contre l'extension de la maladie, en empêchant la pullulation du *Myxobolus Pfeifferi*. Les cadavres en putréfaction mettent en effet en liberté chacun plusieurs millions de spores, et leur nombre est quelquefois extrêmement élevé. C'est ainsi que sur la Moselle il est des années où on a pu compter 20 000 à 30 000 victimes. La mesure préconisée s'impose d'ailleurs encore plus au point de vue de l'hygiène publique qu'à celui de l'aquiculture, car, quand les Poissons périssent ainsi en masse, leurs corps, en se décomposant, empoisonnent l'eau et empuantissent l'atmosphère.

Il est possible — chose curieuse signalée dès 1885 par M. Ladagne, de Mézières — de guérir ou tout au moins de prolonger de beaucoup l'existence des Barbeaux malades, en incisant les tumeurs et en les vidant. Les pêcheurs de la région de l'Est, quand ils viennent à prendre un de ces Poissons, ne manquent guère de pratiquer cette opération à l'aide d'un canif, et il n'est pas rare d'en reprendre, présentant des cicatrices, qui ont été sauvés par cette intervention. Mais il va sans dire que ce procédé curatif est d'une application bien restreinte.

Il est certainement bien rare que des Barbeaux infectés viennent à être consommés, leur aspect est répugnant, de plus leur chair se gâte rapidement, en dégageant une odeur nauséabonde, enfin le goût en est amer. Mais dans le cas où ceci ne suffirait pas à rebuter les amateurs, il convient de les avertir qu'il y a danger pour eux à manger semblables Poissons. Les Docteurs Mérieux et Carré [1], de Lyon, ont eu l'occasion, en 1898, de soigner un jeune homme ayant des lésions cavitaires du poumon, et paraissant par conséquent tuberculeux. Or, l'examen des crachats y révéla la présence, non, comme on aurait pu le supposer, du Bacille de Koch, mais du *Myxobolus Pfeifferi*. Il serait donc indispensable d'interdire absolument l'exposition, le colportage et la vente des Barbeaux portant des tumeurs.

---

[1] *Lyon médical*, numéro du 27 novembre 1898, p. 408.

Les deux maladies dont il vient d'être traité dans les pages qui précèdent sont les mieux connues des infections générales, observées et étudiées qu'elles ont été par de nombreux auteurs. Leurs travaux amènent à les considérer comme dues à des Sporozoaires, mais il ne faut pas se dissimuler que cette attribution n'est pas fermement établie ; elle ne doit être acceptée que comme provisoire. Dans l'état actuel de nos connaissances, il n'est pas démontré que le *Myxobolus Pfeifferi* et surtout le *Myxobolus Cyprini* soient vraiment germes pathogènes. Le premier ne paraît nuisible qu'en tant qu'il prépare les voies à une infection microbienne ; quant au second, les observations les plus récentes conduisent à le regarder comme inoffensif. Le rôle joué par ces deux organismes dans la genèse et l'évolution des affections où on les rencontre reste encore mystérieux par plus d'un côté. Souhaitons donc, en terminant, que des recherches nouvelles, le mettant en pleine lumière, fassent connaître en même temps la véritable nature de la variole de la Carpe et de la maladie des abcès du Barbeau (1).

---

(1) Il n'a pas été signalé jusqu'ici, en Europe, d'autres maladies à Sporozoaires, ayant le caractère d'une infection générale de l'organisme, que celle de la Carpe et celle du Barbeau. Mais il en est une, observée aux États-Unis, dont il convient de faire mention, car elle frappe l'Omble de ruisseau, *Salvelinus fontinalis* Mitchill, Salmonide américain faisant, depuis une quinzaine d'années, l'objet d'un important élevage en France et dans les pays voisins.

Cette affection, décrite et étudiée par G. CALKINS, fit périr en masse, en 1899, les sujets d'un établissement de pisciculture de Long-Island. Ceux-ci présentaient, entre autres lésions, des cavités cratériformes, à bords nettement délimités, s'enfonçant profondément jusqu'à la colonne vertébrale ou aux viscères.

On a trouvé dans tous les organes : intestins, foie, rein, muscles, tissu conjonctif, vessie natatoire, etc., et notamment dans les glandes génitales mâles, des spores de 2-3 μ de longueur, piriformes, sans capsules polaires ni filaments capsulaires. Leur contenu se diviserait en huit Sporozoïtes qui, expulsés avec les excréments du Poisson attaqué, propageraient l'infection.

Ce parasite, auquel CALKINS donna le nom de *Lymphosporidium Trutæ*, se présente, une fois développé, sous l'aspect d'un amibe de 25-30 μ, à noyau indistinct ou mieux représenté par une masse de petites granulations éparses dans le plasma. Ces dernières se réuniraient ensuite pour constituer les spores (« *Lymphosporidium Trutæ nov. gen., nov. sp.* The cause of a recent epidemic among the Brook Trout *Salvelinus fontinalis* » [*Zoologischer Anzeiger*, t. XXIII, pp. 513-520. Iéna, 1900].

NOTE ADDITIONNELLE

Observations sur les corpuscules jaunes soi-disant caractéristiques du « Myxobolus Cyprini »

Le Professeur HOFER (1), en examinant le rein de Carpes infectées par le *Myxobolus Cyprini*, y a constaté la présence de corpuscules jaune foncé, homogènes, fortement réfringents. Il les considère comme partie intégrante du parasite, et caractéristiques au point d'en permettre l'identification même avant qu'il ait commencé à sporuler.

Des formations semblables avaient été observées antérieurement par THÉLOHAN (2) dans l'épithélium de l'intestin, le foie et la rate de Poissons envahis par des Myxosporidies ; cet auteur les avait regardées comme des produits de dégénérescence, et DOFLEIN (3) s'était ensuite, mais avec réserves, rangé à cette opinion.

Or l'étude approfondie des faits a permis à M. MERCIER (4), maître de conférences à la Faculté des sciences de Nancy, de se rendre compte que les diverses hypothèses faites jusqu'ici sur l'origine des corpuscules jaunes ne concordaient pas avec la réalité.

Des recherches récentes de SCHNEIDER (5), DRZEWINA (6) et du

(1) « Handbuch der Fischkrankheiten », p. 67. Munich, Heller. 1904.

(2) « Recherches sur les Myxosporidies » (*Bulletin scientifique de la France et de la Belgique*, t. XXVI, pp. 157-159. Paris, Carré et Klincksieck, 1894).

THÉLOHAN a, entre autres, rencontré des corpuscules jaunes chez les Barbeaux atteints de la maladie des abcès. (*Vide supra*, p. 113.)

(3) « Die Protozoen als Krankheitserreger ». Iéna, Fischer. 1891.

(4) « Notes sur les Myxosporidies » (*Archives de Zoologie expérimentale*, notes et Revue, 1908).

M. MERCIER, à qui nous en avons beaucoup de reconnaissance, a eu l'amabilité de nous communiquer les feuillets de son Mémoire, actuellement encore sous presse, et de revoir lui-même l'extrait qui en a été fait pour rédaction de la présente note additionnelle.

(5) « Ueber die Niere und die Abdominalporen von *Squatina angelus* » (*Anatomischer Anzeiger*, t. XIII, p. 393. 1897)

(6) « Contribution à l'étude du tissu lymphoïde des Ichtyopsides » (*Archives de Zoologie expérimentale*, 4e série, t. III, p. 145. 1905).

Professeur CUÉNOT [1], ont montré, en effet, que le rein des Téléostéens renferme un organe lymphoïde qui, comme la rate, a une importante fonction phagocytaire. Elle a été mise en évidence au moyen d'injections physiologiques de solutions colorées.

Appliquant cette méthode à des Carpes qui furent sacrifiées deux jours après, MERCIER a constaté sur les coupes du rein la présence de nombreux corpuscules jaunes, englobés dans des masses cytoplasmiques nucléées, dont quelques-unes contenaient des grains de carmin. On a ainsi la preuve que ces masses ne sauraient correspondre à des individus asporifères d'une espèce quelconque de Myxosporidies. Comme parasite, l'organe examiné ne contenait, d'ailleurs, qu'*Hoferellus Cyprini* (Doflein) dans les canalicules urinaires.

Mais il y a plus, ces corpuscules jaunes n'apparaissent pas qu'en cas d'infection; CUÉNOT les a rencontrés, de façon constante, dans la rate et le rein de Poissons sains, formant des amas plus ou moins volumineux disséminés un peu partout dans le parenchyme des organes. L'expérience suivante, dont il a bien voulu nous communiquer les résultats, permet de fixer leur nature avec certitude.

Une Anguille reçoit une injection de carminate d'ammoniaque et d'encre de Chine, et est sacrifiée cinquante-quatre jours après. La rate et le rein renferment alors des placards à la fois noirs, jaunes et rouges, constitués par des phagocytes bourrés d'encre de Chine, de carminate et de corpuscules d'un jaune plus ou moins foncé; ils sont accolés les uns aux autres et forment de véritables cellules géantes. Aucun parasite ne fut trouvé chez ce Poisson.

Les faits exposés amènent donc à considérer les corpuscules jaunes comme des résidus résultant de la phagocytose normale qui se produit dans tout organisme en activité.

DOFLEIN avait d'ailleurs été frappé déjà de la grande ressemblance entre certains aspects de ces formations et les images de phagocytose de masses inertes ou parasites. THÉLOHAN ne s'était pas arrêté à cette idée, admettant que les tissus présentent une tolérance presque absolue vis-à-vis des Myxosporidies. Mais CAULLERY et

[1] « Néphrophagocytes dans le cœur et le rein des Poissons osseux » (*Comptes rendus hebdomadaires des séances de la Société de Biologie*, t. LXII, p. 750. 1907).

Mesnil ([1]), puis Bruntz ([2]) ont vu assez fréquemment des spores d'Haplosporidies et de Microsporidies dans les phagocytes de l'hôte. Ces faits expliquent la présence de celles du *Myxobolus Cyprini* dans les amas phagocytaires du rein des Carpes, ces éléments étant capturés comme le sont les grains de carmin dans l'expérience relatée plus haut. Leurs dimensions ne font pas obstacle à cet englobement, car elles ne sont pas supérieures à celles des corpuscules. Dans les cas d'infection myxosporidienne légère, les spores sont loin d'être abondantes, de là le manque de proportion entre leur nombre et celui des corpuscules.

Ces remarques sur la nature de ces formations conduisent à cette constatation que le *Myxobolus Cyprini* n'est connu que par ses spores, le parasite lui-même n'a jamais été décrit. Quant aux stades correspondant à l'infection cellulaire et à la sporulation, représentés par Doflein, ils paraissent douteux. On ne peut, en effet, les rapporter à la forme asporifère, qui est inconnue, et, d'autre part, ils ressemblent beaucoup aux figures de phagocytose et dégénérescence fréquemment observées dans le rein des Poissons.

([1]) « Recherches sur les Haplosporidies » (*Archives de Zoologie expérimentale*, 4e série, t. IV, p. 101. 1905).

([2]) « Études sur les organes lymphoïdes phagocytaires et excréteurs des Crustacés supérieurs » (*Archives de Zoologie expérimentale*, 4e série, t. VII, p. 1. 1907).

TABLE DES MATIÈRES

INFECTIONS GÉNÉRALES DE L'ORGANISME

*

TABLE ALPHABÉTIQUE

I — Maladies

II Organismes pathogènes

III — Poissons attaqués

AUTEURS CITÉS

Les Alpes françaises. Étude sur l'économie alpestre et l'application de la loi du 4 avril 1882 à la restauration et à l'amélioration des pâturages, par F. Briot, conservateur des eaux et forêts. Ouvrage couronné par la Société nationale d'agriculture de France. 1896. Un beau volume grand in-8 de 627 pages, avec 6 héliogravures, 2 cartes en couleurs et 179 plans ou figures, broché . . . . 25 fr

— **Nouvelles études sur l'économie alpestre.** *Diverses questions générales et monographies,* par le même. 1907. Un volume grand in-8 de 334 pages, avec 5 cartes en couleurs et 100 photogravures, broché . . . . 20 fr

Traité d'Analyse des matières agricoles, par L. Grandeau, inspecteur général des Stations agronomiques 3e édition, considérablement augmentée. 1897. — Deux volumes in-8 de 1192 pages, avec 171 figures dans le texte et 50 tableaux pour le calcul des analyses, br. **18 fr.** Reliés en percaline souple . . . . **20 fr.**

Chimie appliquée à l'Agriculture. Travaux et expériences du Dr A. Vœlcker, chimiste-conseil, directeur du laboratoire de la Société royale d'agriculture d'Angleterre, par A. Ronna, ingénieur, membre du Conseil supérieur de l'agriculture, etc. 1888. Deux volumes grand in-8 (1012 pages), brochés . . . . **16 fr.**

La Fumure rationnelle des plantes agricoles. Traduit de l'allemand d'après les conférences de Paul Wagner, directeur de la station agronomique de Darmstadt, par P. de Malliard, chef adjoint du cabinet du ministre de l'agriculture 1893. Grand in-8, avec 15 gravures, broché . . . . **1 fr 50**

Géologie agricole. Cours fait à l'Institut national agronomique par Eugène Risler, directeur de l'Institut agronomique, etc. (Ouvrage couronné par l'Académie des sciences) Quatre volumes grand in-8 d'environ 400 pages chacun, avec gravures et planches, brochés **30 fr.**

Électricité agricole, par Camille Pabst, ingénieur agronome, diplômé de l'enseignement supérieur de l'agriculture 1894 Un volume in-8 de 390 pages, broché. . . . . . **5 fr.**

Manuel de Conférences agricoles techniques et pratiques, par C.-G. Aubert, ingénieur agronome, garde général des eaux et forêts Préface par L. Dabat, directeur au ministère de l'agriculture 1901 Un vol. in-8, broché . . . . **5 fr.**

Les Ennemis de l'Agriculture. Insectes nuisibles, maladies cryptogamiques, altérations organiques et accidents, plantes nuisibles, par Calixte Rampon, préparateur au laboratoire agronomique de Loir-et-Cher. 1898 Un vol in-4 de 416 pages, avec 140 fig., br **6 fr.**

Dégâts causés aux forêts par les balles du fusil de l'armée. *L'indemnité qu'ils exigent et son règlement,* par J. George, garde général des eaux et forêts Ouvrage couronné par la Société nationale d'agriculture de France 1903. Un volume grand in-8, avec 18 figures et 10 planches en phototypie, broché . . . . **4 fr.**

Incendies en forêt. *Évaluation des dommages. Contentieux. Mesures préservatrices. Constatations. Principes des expertises. Taux. Estimation en fonds et superficie. Trouble d'aménagement. Préjudices accessoires et indirects. Spécimens de rapports, tarifs, etc.,* par A. Jacquot, inspecteur des eaux et forêts. (Ouvrage couronné par la Société nationale d'agriculture de France et par la Société des agriculteurs de France.) 2e édition. 1904. Un volume grand in-8 de 400 pages, broché . . . . **8 fr.**

Guide pratique d'Arpentage et de Nivellement, à l'usage des préposés des eaux et forêts, par V. Capoduro et J. Dinner, inspecteurs adjoints des eaux et forêts. 1902. Un volume in-12 avec 52 figures, broché. . . . . **1 fr. 50**

La Stadimétrie, à l'usage des préposés forestiers Complément au *Guide pratique d'Arpentage et de Nivellement,* par les mêmes 1903 In-8, avec figures, broché . . . . **1 fr**

Tarif de Cubage pour les arbres sur pied. *Estimation des houppiers, branchages et souches suivant les essences,* par A Prudon, inspecteur adjoint des forêts en retraite, chevalier du Mérite agricole, officier d'ordres étrangers. 1905. Un volume in-12 de 105 pages, dont 79 de tableaux, broché . . . . **3 fr 50**

Cubage des Bois sur pied et abattus. *Manuel pratique, avec 12 tables et tarifs de cubage pour bois en grume et equarris,* par R Rouleau. inspecteur des eaux et forêts. 1905. Un volume in-12 de 120 pages sur papier fort, avec 10 figures, broché . **3 fr. 75**

Barème du tarif conventionnel unique pour l'application du contrôle au traitement des forêts, par H de Blonay. ingénieur, H. Jobez, ingénieur, et H Biolley, inspecteur des forêts — Édition A. Tarif au *diamètre.* — Édition B. Tarif a la *circonférence.*
Chaque édition, grand in-8 etroit, forme répertoire a encoches, relié en percaline. . **5 fr.**

Vocabulaire forestier français-anglais-allemand. *French-english-german Forest Terminology. Französisch-englisch-deutsche Forstterminologie,* par J. Gerschel, professeur d'anglais et d'allemand à l'École nationale des eaux et forêts. 4e édition, revue et augmentée. 1905 Un volume in-12 de 209 pages, relié en percaline . . . . **5 fr.**

Nancy, impr. Berger-Levrault et Cie

www.ingramcontent.com/pod-product-compliance
Ingram Content Group UK Ltd.
Pitfield, Milton Keynes, MK11 3LW, UK
UKHW021057200726
13857UKWH00003B/977